全国农业高职院校“十二五”规划教材

食品加工实训教程

SHIPIN JIAGONG SHIXUN JIAOCHENG

赵百忠　主编

中国轻工业出版社

图书在版编目（CIP）数据

食品加工实训教程/赵百忠主编. —北京：中国轻工业出版社，2015.9
全国农业高职院校“十二五”规划教材
ISBN 978－7－5184－0351－6

Ⅰ. ①食… Ⅱ. ①赵… Ⅲ. ①食品加工—高等职业教育—教材 Ⅳ. ①TS205

中国版本图书馆 CIP 数据核字（2015）第 170750 号

责任编辑：贾 磊
策划编辑：张 靓　　责任终审：滕炎福　　封面设计：锋尚设计
版式设计：锋尚设计　　责任校对：吴大鹏　　责任监印：张 可

出版发行：中国轻工业出版社（北京东长安街 6 号，邮编：100740）
印　　刷：三河市万龙印装有限公司
经　　销：各地新华书店
版　　次：2015 年 9 月第 1 版第 1 次印刷
开　　本：720×1000　1/16　印张：13.5
字　　数：267 千字
书　　号：ISBN 978－7－5184－0351－6　定价：28.00 元
邮购电话：010－65241695　传真：010－65128352
发行电话：010－85119835　010－85119793　传真：010－85113293
网　　址：http://www.chlip.com.cn
Email：club@chlip.com.cn
如发现图书残缺请直接与我社邮购联系调换
150333J2X101ZBW

本书编委会

主　编　**赵百忠**（黑龙江民族职业学院）

副主编　**付　丽**（河南牧业经济学院）

参　编　**韩丽英**（黑龙江民族职业学院）
范淑玲（黑龙江民族职业学院）
苏晓琳（黑龙江民族职业学院）
张寒冰（黑龙江民族职业学院）
国　勇（黑龙江民族职业学院）

主　审　**姜旭德**（黑龙江民族职业学院）
王　丹（国家乳业工程技术研究中心）
徐宝才（雨润控股集团）

前言 / PREFACE

为了贯彻落实教育部《关于全面提高高等职业教育教学质量的若干意见》中提出“加大课程建设与改革的力度，增强学生的职业能力”的要求，以及国务院《关于大力推进职业教育改革与发展的决定》中提出“积极推进课程和教材改革，开发和编写反映新知识、新技术、新工艺、新方法，具有职业教育特色的课程和教材”的要求，适应我国职业教育课程改革的趋势，特组织了行业专家、企业专家根据食品行业各技术领域和职业岗位（群）的任职要求，以“工学结合”为切入点，以真实生产任务或（和）工作过程为导向，以相关职业资格标准基本工作要求为依据，在不断总结近年来课程建设与改革经验的基础上，编写了这本《食品加工实训教程》教材，以满足各院校食品类专业建设和相关课程改革的需要并提高课程教学质量。

在编写各学习项目过程中，本教材以典型的实际工作任务为载体，依据工作任务、工作过程，将相应的学科体系知识进行解构，并按实际工作任务进行重构，以使学生获得适应工作任务、工作过程需要的知识，力求做到课程内容与职业岗位能力融通、与生产实际融通、与职业资格证书融通、与行业标准融通。

本教材由黑龙江民族职业学院赵百忠主编，黑龙江民族职业学院姜旭德教授、国家乳业工程技术研究中心王丹研究员、雨润控股集团徐宝才副总裁主审。具体编写分工如下：项目一乳制品部分由黑龙江民族职业学院韩丽英、范淑玲编写；项目二肉制品部分由黑龙江民族职业学院赵百忠、付丽、国勇编写；项目三焙烤食品部分由黑龙江民族职业学院张寒冰编写；项目四饮料加工部分由黑龙江民族职业学院苏晓琳、范淑玲编写。全书由赵百忠统稿。

由于编写时间仓促和编者知识水平有限，书中难免有错漏之处，恳请专家学者批评指正！

编者

目录 / CONTENTS

项目一 乳与乳制品加工实训

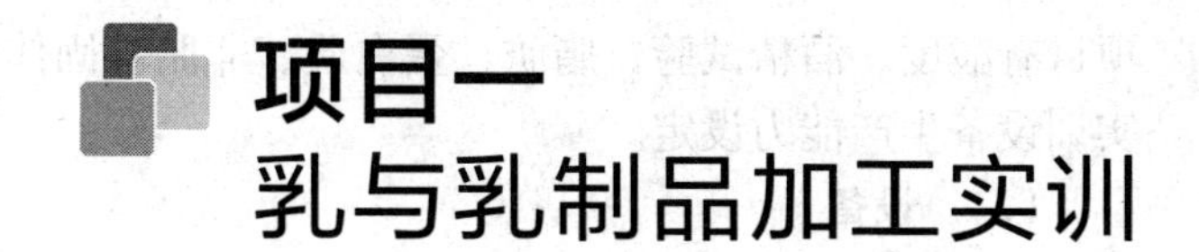

项目一 乳与乳制品加工实训

任务一 | 巴氏杀菌乳加工

一、 背景知识

巴氏杀菌乳是指用新鲜的优质原料乳，经过离心净乳、标准化、均质、杀菌和冷却，以液体状态灌装，直接供给消费者饮用的商品乳。因制品的脂肪含量不同，又分为全脂乳、高脂乳、低脂乳、脱脂乳和稀奶油，此外还有草莓、巧克力、果汁和调味酸乳等。按加热方法，又可分为低温长时杀菌乳、高温短时杀菌乳等。巴氏杀菌乳因为是低温杀菌，所以基本保持了原料乳的风味，口感新鲜，同时也能最大限度地保持原乳中的营养成分。但这种产品对原料乳的卫生质量要求严格，产品的保质期短，储存和销售过程要保证全程冷链。

包装形式有三层聚乙烯（PE）袋装、瓶装、新鲜屋、瓶装等。

二、 实训目的

（1）学习巴氏杀菌乳的产品特点和加工原理。

（2）掌握巴氏杀菌乳加工工艺及操作要点。

三、 主要原料与设备

（一）原料

新鲜牛乳，检验标准参照《GB 19301—2010 生乳》的规定进行，具体检测项目有酸度、酒精试验、脂肪、蛋白质、非脂乳固体、细菌总数。牛乳数量根据实训设备生产能力设定。

（二）设备

储乳罐、脱气罐、过滤器、净乳机、离心分离机、均质机、杀菌机、板式换热器、包装机。

四、 巴氏杀菌乳加工技术

（一）工艺流程

巴氏杀菌乳的工艺流程（见图1－1）。

原料乳验收→牛乳净化→冷却储存→标准化→均质→杀菌→冷却→暂存→包装→冷藏

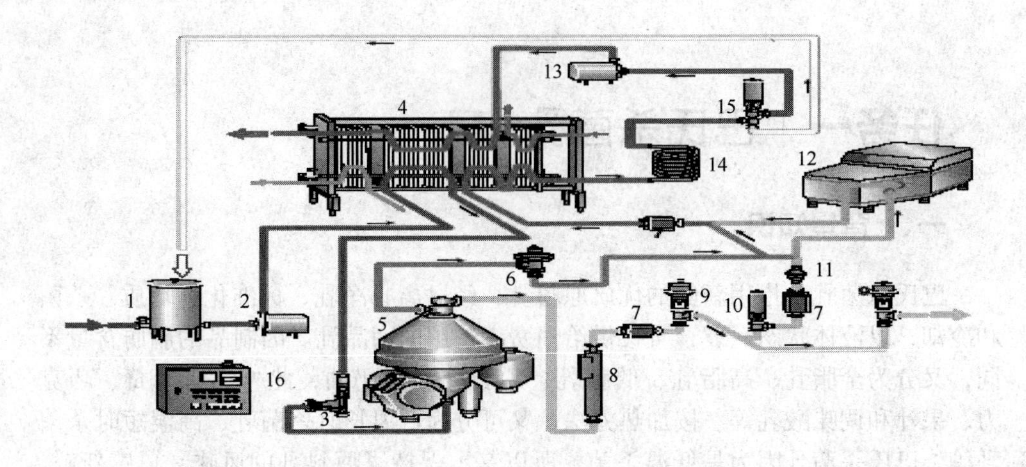

图1－1 巴氏杀菌乳生产线示意图

1—平衡槽 2—进料泵 3—流量控制器 4—板式换热器
5—分离机 6—稳压阀 7—流量传感器 8—密度传感器
9—调节阀 10、11—阀 12—均质机 13—动力泵
14—保温管 15—回流阀 16—控制柜

（二）操作要点

1. 牛乳的净化

净乳目的是去除乳中的机械杂质并减少原料乳微生物数量。采用过滤净化（过滤筛网或双联过滤器）及离心净化（离心净乳机）。

2. 牛乳的冷却储存

牛乳净化后立即冷却到4℃以下。冷却设备为板式换热器。

牛乳的储存设备是储乳罐，储乳罐要保温并有搅拌设备，防止脂肪上浮。

3. 牛乳的标准化

（1）标准化的目的　使乳制品中脂肪与非脂乳固体的比值符合产品规格要求。

（2）标准化的方法　原料乳中脂肪含量不足时，应添加稀奶油或除去一部分脱脂乳；当原料乳中脂肪含量过高时，则可添加脱脂乳或提取部分稀奶油。标准化工作是在储乳罐的原料乳中进行或在标准化机中连续进行的。采用方块图解法进行标准化计算。

设：原料乳的含脂率为 p,%；脱脂乳或稀奶油的含脂率为 q,%；标准化乳的含脂率为 r,%；原料乳的数量为 x；脱脂乳或稀奶油的数量为 y（$y>0$ 为添加，$y<0$ 为提取）。则形成下列关系式：

$$px + qy = r(x + y)$$

$$\frac{x}{y} = \frac{r - q}{p - r}$$

若 $p>r$、$q<r$（或 $p<r$、$q>r$），表示需要添加脱脂乳（或提取部分稀奶油）；若 $p<r$、$q>r$（或 $p>r$、$q<r$），表示需要添加稀奶油（或除去部分脱脂乳）。

用方块图表示它们之间的比例关系见图 1－2。

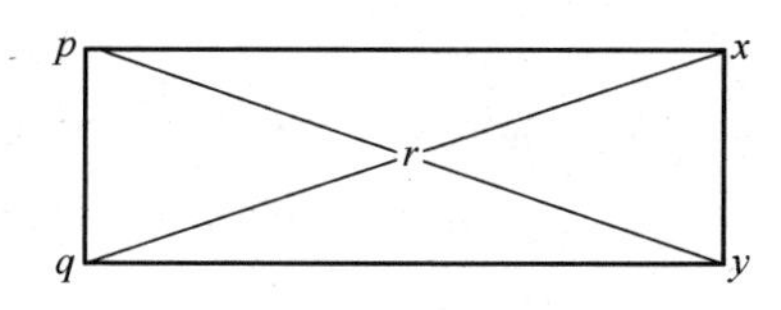

图 1－2　牛乳标准化方块图

标准化方法有如下三种：

（1）预标准化　主要是指乳在杀菌之前把全脂乳分离成稀奶油和脱脂乳。标准化乳的含脂率如果高于原料乳，则需将稀奶油按计算比例与原料乳在罐中混合以达到要求的含脂率；如果低于原料乳的，则需将脱脂乳按计算比例与原料乳在罐中混合，以达到要求的含脂率。

（2）后标准化　在杀菌之后进行，方法同上，但该法的二次污染可能性大。

（3）直接标准化　这是一种快速、稳定、精确与分离机联合运作、单位时间内能大量处理乳的现代化方法。将牛乳加热到 55～65℃，按预先设定好的脂肪含量分离出脱脂乳和稀奶油，并根据最终产品的脂肪含量，由设备自动控制回流到脱脂乳中的稀奶油流量，从而达到标准化的目的。

4. 牛乳的均质

牛乳中脂肪球的直径一般在 1～10μm，放置一段时间后易出现聚结成块、脂肪上浮的现象。经均质后可使脂肪球直径变小（<2μm），分布均匀，口感好，

有良好的风味，不产生脂肪上浮现象。均质效果与温度有关。均质前牛乳必须先行预热至60℃左右，如用低温长时杀菌，一般在杀菌前进行均质。如用高温短时杀菌或超高温瞬时杀菌，均质在预热后杀菌前进行。常用的均质机为两段式，预热的牛乳经第一段压力调节阀时，压力为172.67～202.09MPa，而第二段压力保持在34.34MPa。为了防止脂肪上浮分离，并改善牛乳的消化、吸收程度，将乳中大的脂肪球在强力的机械作用下破碎成小的脂肪球。

5. 杀菌

杀菌有两个目的：一是杀灭引起人类疾病的所有微生物，使之完全没有致病菌。二是尽可能地破坏除致病微生物外，能影响产品味道和保存期的微生物及其他成分（如酶类），以保证产品的质量。杀菌有多种方法。但牛乳加工中最常用的是加热杀菌法。牛乳的杀菌是否适当，可用磷酸酶试验来检查，试验结果必须是阴性的，即必须没有发现有活性的磷酸酶。但是脂肪含量8%的乳制品，稀奶油发酵乳等产品不用磷酸酶试验，而用过氧化氢酶试验来代替。表1－1所示为巴氏乳的杀菌方法。

表1－1　巴氏乳的杀菌方法

工艺名称	温度/℃	时间	方式
初次杀菌	57～65	15s	
低温长时巴氏杀菌	62～65	30min	间歇式
高温短时巴氏杀菌（Ⅰ）	72～75	15～20s	连续式
高温短时巴氏杀菌（Ⅱ）	>80	1～5s	
超高温瞬时巴氏杀菌	125～138	2～4s	

初次杀菌是用于延长牛乳储存期的一种热处理方法，在巴氏杀菌之前进行。一般是将牛乳加热至57～65℃。

（1）低温长时杀菌法（LTLT）　低温长时杀菌法又称保持杀菌法、低温杀菌法。其杀菌方法为：向具有夹套的消毒缸或保温缸中泵入牛乳，开动搅拌器，同时向夹套中通入蒸汽或热水（66～77℃），使牛乳的温度升至62～65℃并保持30min。但是使致病菌完全被杀灭的效率只达到85%～99%，且对耐热的嗜热细菌及孢子等杀灭效果不明显。尤其是牛乳中的细菌数越多时，杀菌后的残存菌数也多。因此，为了解决这一问题，有些工厂采用72～75℃、15min的杀菌方式。保持杀菌法应注意消毒缸的大小、搅拌器的大小及与其相配合的转数，以获得最好的传热效率和不产生泡沫。要准确地确认乳温，在杀菌完后15min以内迅速地将乳温降到5℃以下。为防止二次污染，杀菌开始后不能打开消毒缸的盖子。

（2）高温短时间杀菌法（HTST）　高温短时间杀菌是用管式或板式换热器，使乳在流动的状态下进行连续加热处理的方法。加热条件是72～75℃、15s。但由于乳中菌数的不同，也有的采用72~75℃、16~40s或80~85℃、10~15s的方法进行加热。

HTST杀菌机的特点是将预加热、加热及冷却部分合理结合起来。首先生乳进入预加热部的换热器，在此与从加热部分出来的杀菌乳进行热交换达到60℃左右，接着被送入加热部加热至规定的温度。杀菌如果正常，乳被送到冷却部分，与新进入的生乳进行热交换，达到部分冷却，进一步冷却至5℃以下。如果在加热部分牛乳杀菌不充分，通过流动转换阀将牛乳送回杀菌部分进行再杀菌。换热器有管式、片式两种，由于片式比管式热传导效率高，生产中常用片式。加热保持时间一般是通过调整管的长度或粗细，或通过调整换热器片数（片式）来进行的。

HTST杀菌与低温长时杀菌比较，有许多优点：占地面积小，节省空间；因利用热交换连续短时杀菌，所以效率高，节省热源；加热时间短，牛乳的营养成分破坏小，无蒸煮味；自动连续流动，操作方便、卫生，不必经常拆卸。另外，设备可直接用酸、碱液进行自动清洗。

6. 冷却

杀菌后的牛乳应尽快冷却至4℃，冷却速度越快越好。原因如下：①牛乳经过杀菌后，虽然绝大部分细菌都已失去活性，但仍有部分细菌存活；②在后序工艺环节的操作中，牛乳也有可能受到污染；③牛乳中的磷酸酶对热敏感，虽然在63℃、20min即可钝化，但抑制因子在82~130℃才能被破坏，活化因子在82~130℃加热时仍可存活，二者均能激活已钝化的磷酸酶。所以，巴氏杀菌乳在杀菌灌装后应立即冷却，以抑制乳中残留细菌的繁殖，增加产品的保存性。同时，也可以防止因温度升高而使牛乳的浓度降低，导致脂肪球膨胀、聚合上浮。

凡连续性杀菌设备处理的乳一般都直接通过热回收段和冷却段冷却至2~4℃。

7. 储存

杀菌冷却后牛乳要储存在暂存罐中，暂存罐是保温的，保证牛乳的温度在4℃左右，储存时间最好不要超过12h。

8. 灌装

灌装的目的主要是便于分送销售和消费者饮用。此外还能防止污染，保持杀菌乳的良好滋味和气味，防止吸收外界异味，减少维生素等成分的损失。

灌装容器多种多样，有玻璃瓶、塑料瓶、塑料袋、塑料夹层纸盒和涂覆塑料铝箔纸等。虽然玻璃瓶有成本低、可反复使用等优点，但由于其易破损、运输成本高，且不利于消费者使用，所以现在市场上很少使用。取而代之的是塑料瓶、复合袋和纸容器，其优点是一次性使用，减少污染机会，运输、携带方便，材料质轻、遮光、绝热性好，有利于乳的品质保持。杀菌乳在用复合袋、纸盒灌装后，在5℃的条件下可储存1~2周。

灌装要避免包装环境、包装材料及包装设备的二次污染，因此对灌装环境的要求比较严格，灌装设备应安装在封闭的空间内，灌装间要尽可能是洁净间，保证正压通风。灌装间要安装紫外灯，在不生产时或生产前要打开紫外灯对空气和设备进行杀菌。生产过程中要定时用空气消毒剂对生产空间进行消毒。包装也要尽量使用微生物含量极低的材料，要求供应商生产包材时要注意微生物的控制，入厂验收时要检测微生物指标。包材的储存环境要尽量好，避免对包材造成二次污染。生产使用前，最好用紫外灯对包材进行照射消毒。灌装设备生产前要严格执行设备的清洗消毒程序。清洗后要做设备的涂抹试验，监控设备的清洗效果。清洗消毒时要注意酸、碱浓度、热水温度均要达标，还要保证清洗和消毒的时间要充足。一般清洗用的酸和碱是食品级的硝酸和液碱，清洗程序为：水（预冲5~8min）→碱（1.2%~1.5%，75~80℃，15~20min）→水（5~8min）→酸（0.8%~1.0%，65~70℃，15~20min）→水（5min）。一般消毒的方法采用95℃热水加热30min。应尽量避免灌装时产品升温，因为包装后的产品冷却比较缓慢。使用设备为自动液态包装机。

9. 冷藏

在冷藏过程中，必须保持冷链（2~4℃）的连续性，这种产品保质期短，开启后要立即饮用。

五、成品评定

参照《GB 19645—2010 巴氏杀菌乳》的规定进行评定。

六、巴氏杀菌乳的质量控制

（一）乳脂肪上浮

生产过程中均质不当造成脂肪上浮。应控制均质温度、压力和时间等达到所需条件，保证均质效果。

（二）成品微生物指标不合格

（1）巴氏杀菌的杀菌温度或时间未达到工艺要求。应确保杀菌温度符合条件。

（2）生产设备清洗不良或存在卫生死角，导致杀菌后的物料二次污染。应确保生产设备清洗和消毒符合要求，确保环境卫生、人员卫生符合要求。

（3）杀菌后的物料未及时进行灌装，长时间存放或暂存温度较高，导致微生物增殖，造成微生物超标，因此杀菌后要及时灌装。

（三）成品不到保质期发生变质

主要是由于储存温度不符合要求。巴氏杀菌乳的储存温度为0~4℃保存48h，如果高于这个温度就会发生变质。

任务二 | 灭菌乳加工（超高温灭菌乳）

一、背景知识

超高温灭菌乳（UHT）也称常温乳，是牛乳经过超高温瞬时灭菌（135～150℃、4～15s）的处理，完全破坏其中可生长的微生物和芽孢以达到商业无菌水平，然后在无菌状态下灌装于无菌容器中的产品。超高温灭菌乳可在常温下保藏30d以上。超高温技术能有效地杀灭细菌，同时可保存牛乳原有的营养成分。研究报告显示，UHT处理对牛乳中脂肪、矿物质及主要蛋白质的营养价值不构成影响，同时，必需氨基酸和维生素的营养价值只有极微量的改变。

UHT乳因为杀灭了原乳中所有的微生物，而且是无菌灌装，所以产品的保质期可长达12个月。但这种产品对原料乳的卫生标准、灌装设备和包材质量要求高，销售过程中应注意避免高温和阳光直射。包装形式有五层PE袋装、七层纸盒包装、瓶装等。

现在UHT乳品种繁多，有纯牛乳，各种各样的花色乳（早餐乳、核桃乳、红牛乳、黑牛乳、香蕉乳等），还有各种调味的乳饮料（原味酸酸乳、各种果味的酸酸乳）等。

二、实训目的

（1）学习超高温灭菌乳的加工原理及产品特点。

（2）掌握超高温灭菌乳的加工工艺及质量控制。

三、主要原料与设备

（一）原料

新鲜牛乳，检验标准参照《GB 19301—2010 生乳》的规定进行。具体检测项目有酸度、酒精试验、脂肪、蛋白质、非脂乳固体、细菌总数。用于灭菌的牛乳必须是高质量的，即牛乳中的蛋白质能经得起剧烈的热处理而不变性。为了适应超高温处理，牛乳必须至少在75%的酒精浓度中保持稳定，剔除由于下列原因而不适宜于超高温处理的牛乳：①酸度偏高的牛乳；②牛乳中盐类平衡不适当；③牛乳中含有过多的乳清蛋白（白蛋白、球蛋白等），即初乳。另外牛乳的细菌数量，特别是对热有很强抵抗力的芽孢，数目应该很低。牛乳的量根据实训设备生产能力而定。

（二）设备

储乳罐、净乳机、均质机、杀菌机、板式换热器、包装机。

四、 灭菌乳加工技术

(一) 工艺流程

超高温灭菌乳工艺流程：

原料乳的验收 → 净化 → 标准化 → 预热均质 → 超高温灭菌 → 冷却 → 无菌灌装 → 成品检验 → 入库

(二) 操作要点

1. 原料乳验收、净化、标准化

加工要求同巴氏乳。

2. 预热均质

牛乳从料罐泵送至超高温灭菌设备的平衡槽，由此进入到杀菌机的预热段与高温乳热交换，使其加热至约66℃，同时将无菌乳冷却，经预热的乳在15～25MPa的压力下均质。在杀菌前均质意味着可以使用普通的均质机，这要比无菌均质便宜得多。

3. 超高温灭菌

经预热和均质的牛乳进入杀菌机的加热段，热水温度由蒸汽喷射予以调节。加热后，牛乳在保温管中流动4s。回流：如果牛乳在进入保温管之前未达到正确的杀菌温度，在生产线上的传感器便把这个信号传给控制盘。然后回流阀开动，把产品回流到冷却器，在这里牛乳冷却至75℃，再返回平衡槽。一旦回流阀移动到回流位置，杀菌操作便停下来。

4. 冷却

离开保温管后，牛乳进入无菌预冷却段，用水从137℃冷却至76℃。进一步冷却是在冷却段与新乳完成热交换，最后冷却温度要达到约20℃。

5. 无菌包装

所谓无菌包装是将杀菌后的牛乳，在无菌条件下，装入事先杀过菌的容器内。可供牛乳制品无菌包装的设备主要有无菌菱形袋包装机、无菌砖形盒包装机、无菌袋包装机、无菌灌装系统、安德森成型密封机等。

牛乳从无菌冷却器流入包装线，包装线在无菌条件下操作。为了补偿设备能力的不足或者包装机停顿时的不平衡状态，可在杀菌器和包装线之间安装一个无菌罐。这样，如果包装线停了下来，产品便可储存在无菌罐中。当然，处理的乳也可以直接从杀菌器输送到无菌包装机，由于包装机处理不了而出现的多余乳可通过安全阀回流到杀菌设备，这一设计可减少无菌罐的潜在污染。

纸卷成型包装（利乐砖、利乐枕）系统。包装材料由纸卷连续供给包装机，经过一系列的成型过程进行灌装、封合和切割。

包材灭菌方式——H_2O_2灭菌的关键点：时间和温度。

①第一种是加热式：将 H_2O_2加热，对包装盒或包装材料进行灭菌。一般在H_2O_2水浴槽内进行。

②第二种是喷涂式：将 H_2O_2均匀地涂布或喷洒于包装材料表面，然后通过电加热器或辐射或热空气加热蒸发 H_2O_2，从而完成杀菌过程。

6. 成品检测

对成品的理化指标、微生物指标进行检测。理化指标包括脂肪、非脂乳固体、蛋白质、酸度、pH；微生物指标包括细菌总数、大肠菌群。UHT 产品最重要的品质控制试验是产品的保温试验，即生产时按不同的时间段取一些样品，取样量要根据计算测得，即取样量要达到所要求的可信度。取样后放到 37℃（±2℃）的保温室保温 3d 或 5d 后（有的企业定为 7d 或 10d），检测 pH，纯牛乳的 pH 正常范围是6.4～6.8，花色乳是根据品种不同而不同。只有检测合格后，产品方可出厂。

7. 成品包装

灌装完的成品通过人工或自动包装机装到纸箱中，用胶带封口，在包装箱上打印生产日期和生产班次，以保证产品的可追溯性。

五、 成品评定

参照《GB 25190—2010 灭菌乳》的规定进行评定。

六、 超高温灭菌乳的质量控制

（一）超高温灭菌乳风味改变的原因

除了微生物、酶及加工引起的风味的改变外，还有由于环境、包装膜等因素引起的乳风味的变化。乳是一种非常容易吸味的物质。如果包装容器隔味效果不好或其本身或环境有异味，乳一般呈现非正常的风味，如包装膜味、汽油味、菜味等。有效的措施就是采用隔味效果非常好的包装容器，并对储存环境进行良好的通风及定期的清理。

另外，超高温乳长时放在阳光下，会加速产生日晒味及脂肪氧化味，因此不应该放在太阳直接照射的地方。

（二）利乐包牛乳中出现的质量问题

利乐包出现的质量问题主要分为两大类：一类是由于微生物引起的坏包，通常对人体有害；另一类是由于理化原因引起的牛乳内在状况发生改变，通常只会影响感官，不会对人体有害。因此，对牛乳出现的质量问题要认真分析，查找原因，以利于解决问题。

1. 由于微生物原因引起的坏包

（1）平酸包　症状为包型完整，打开包装喝牛乳时口味有酸味，组织状态有时会呈现出豆腐脑状，乳清析出（分层现象），除此之外，有时还会出现臭味。

（2）胀包　症状为包型鼓胀，打开包装喝牛乳时口味有酸味，组织状态呈现出豆腐脑状，乳清析出（分层现象），除此之外，有时还会出现臭味。

（3）苦包　症状通常包型完整，打开包装喝牛乳时有苦味，有时还夹杂有酸味（通常为个例问题）。

2. 由于理化原因引起的质量问题

（1）脂肪上浮包　打开包后，在牛乳液面漂浮有一些片状物（或油状物），在盒内壁有白色或淡黄色的黏状物，严重时在包装内的顶层有达几毫米厚的脂肪层，喝牛乳时没有苦味或酸味，但有时有哈喇味。

（2）蛋白凝固包　打开包装后，盒底部有些粒状、块状物，喝牛乳时没有苦味或酸味。

（3）苦包　打开包装喝牛乳时有苦味，一般要生产加工一段时间（约 2 个月）后才会出现，并且此种状况的牛乳会随着储藏时间延长而苦味加重（通常为批量问题）。

（4）理化指标偏低包（俗称“水包”）　打开包装喝牛乳时口味偏淡、颜色偏浅（与正常的产品比较），有水样的感觉。

（5）褐色包　纯牛乳打开包装后，牛乳颜色发暗（有时呈红棕色），喝时有时有蒸煮味。

（6）沉淀包（特别是对乳饮料或高钙乳而言）　打开包装后，盒底部有较多的糊状沉淀物，喝时牛乳没有苦味或酸味。

（7）分层包（特别是对酸性乳饮料而言）　打开包装后，出现明显的分层，上部颜色较底部颜色淡。

（三）由于微生物引起坏包的原因分析

由于微生物引起坏包的主要原因有：

（1）原料乳或辅料的影响　若原料乳或辅料中含有较多的耐热芽孢菌，则超高温灭菌后，相应的产品中耐热芽孢菌也会残留得较多，从而使产品的坏包数增加。

（2）灭菌效率未达到要求　灭菌效率取决于灭菌温度和灭菌时间的配合，也会受杀菌器（对间接加热而言）内表面（产品的一面）的结垢程度的影响。

①不同的产品，须采取不同的灭菌温度和灭菌时间，若灭菌效率未达到要求，则灭菌后产品中残留的微生物（特别是耐热芽孢菌）就较多，包装后的产品就会出现坏包。

②杀菌器内表面的结垢程度较大，则会影响热的传递，使产品的实际灭菌温度降低和灭菌时间缩短，从而影响灭菌效率。

（3）灭菌后的输送管道、无菌罐清洗不到位　超高温灭菌后的无菌产品的输送管道以及无菌罐要确保无菌，若清洗杀菌不到位，会引起产品被二次污染，从而使包装后的产品出现坏包。

(4) 包材灭菌效果不佳 包材的灭菌通常是由 H_2O_2 进行的，若 H_2O_2 浓度或温度达不到要求，就不能有效地杀死包材内表面的微生物，包装后的产品就会出现坏包。

(5) 灌装机在生产时无菌环境被破坏

①为了保证灌装时的无菌状态，灌装前整个灌装机同产品有接触的表面都必须进行彻底的清洗和杀菌，若清洗杀菌不到位，则会使同不洁表面接触的产品含有较多的微生物，从而使包装后的产品出现许多坏包。

②在生产灌装时要通过热空气和蒸汽阀来保证灌装时的无菌状态，若热空气温度太低或蒸汽阀的保证作用未达要求，则易使产品出现坏包。

③产品在灌装时出现“爆管”现象（“爆管”是指灌注牛乳的纸管有泄露点），即纸管灌注牛乳时，由于各种原因（如纸管被夹爪拉破、纸接头未达标）造成封合不好形成泄漏，则有可能会使微生物通过泄漏处进入纸管，破坏了纸管内的无菌环境，易使产品出现坏包。

④对于封闭式无菌包装系统，若无菌室正压状态被破坏，则易使产品出现坏包。

(6) 包型封合不严 若包型缝合不严，则易造成微生物的污染，出现坏包。

(7) 运输、储存不当 利乐包产品为无菌包装，若运输、储存不当，包被碰伤、挤压变形严重，就易使得包的无菌状态被破坏，出现坏包。

(四) 由于微生物原因引起的坏包应采取的措施

具体措施如下。

(1) 严格控制原料乳的卫生质量，通常要求控制用于超高温的原料乳的细菌总数、嗜冷菌数、芽孢总数、耐热芽孢总数。

(2) 不同的产品采取不同的灭菌温度，以确保既能充分杀灭各种微生物（特别是芽孢菌和耐热芽孢菌），又能尽量减少营养物质的损失和稳定性的破坏。

①对于酸性乳饮料，由于在酸性条件下，有可能生长的主要是一些不耐热的微生物（如酵母和霉菌）。因此，杀菌的温度不需要过高，一般采用灭菌温度为115～120℃，时间为4s。

②当用含芽孢或耐热芽孢数较多的辅料（如可可粉、咖啡粉、乳粉等）生产花色乳或中性乳饮料时，应相应地提高灭菌温度，以尽量杀灭这些芽孢（如生产巧克力乳）。一般采用灭菌温度为139～142℃，时间为4s。

③当用含有芽孢或耐热芽孢的原料乳生产纯牛乳或中性乳饮料时，一般采用灭菌温度为137～139℃，时间为4s。

(3) 管道、容器（特别是超高温灭菌后的管道、无菌罐）要进行认真的清洗、消毒。

①通常采用CIP碱或酸清洗（碱常用NaOH，酸常用 HNO_3），要注意控制好

清洗时碱或酸的质量浓度、清洗时间、温度以及清洗时的流量和流速。

碱的质量分数为1.5%～2%；酸的质量分数为0.8%～1.2%。

清洗时间≥20min。

碱液温度控制在80～85℃；酸液温度控制在60～65℃。

流速≥20t/h。

②清洗干净后，生产前从超高温灭菌段开始直至灌装机之前的管道用137℃左右的热水进行消毒；无菌罐用蒸汽（大约140℃）进行消毒，消毒时间都控制在30min以上。

（4）利乐包材的灭菌　通常是采用H_2O_2进行灭菌，因此应严格控制好H_2O_2的品质、浓度、温度、H_2O_2在包材上停留时间（或包材走过H_2O_2槽的时间）。

①采用经过改良的性能稳定的食品级H_2O_2。

②H_2O_2质量分数控制在30%～50%：具体要求为开机之前、每生产4h左右、停机前都必须测定质量浓度，一旦质量浓度偏低，应停机，之前的产品要特别管制。

③H_2O_2温度控制在70～80℃。

④包材走过H_2O_2槽的时间控制在6～7s。

⑤生产中每隔120h或每星期都要更换1次系统内的H_2O_2。

（5）灌装机在灌装时保持无菌环境

①灌装前，罐装机要进行彻底的清洗，然后用无菌热空气（280℃以上）对可能灌装时同牛乳接触的管道表面、无菌空气管路、无菌室、灌装机的充填管、转向阀组（AP阀）等进行灭菌。

②灌装时，灌装机内同牛乳接触的地方，要用热空气（约125℃）保持无菌20min，且无菌室要保持正压状态（通常压力要求>666.6Pa，一般为2666.4～3999.66Pa）；同时进出灌装机和无菌罐的连接处要用蒸汽屏障保护，以免被外界微生物污染。

③若出现“爆管”现象，则灌装机应停机，进行清洗后再开机，同时“爆管”前后时间段的产品要特别管制。

（6）保持利乐包的封合状态　为了确保利乐包的完整封合，防止外界的污染，要特别注意横、纵封的封合，通常相隔一段时间，就必须进行检查（如纵封的注射试验、横封的剥皮试验）；要控制好封合时的加热功率和压力（与包材的品种、厚度有关）；纵、横条要光滑、平整。

（7）在手工接包材、接聚丙烯（PP）条时，手要清洗干净，并用酒精消毒。

（8）在搬运、运输、销售过程中，要防止包被碰伤、挤压变形，使包内部损坏，造成微生物污染，产生坏包。

（五）由于理化原因引起的质量问题的原因分析

1. 脂肪上浮包产生的原因

（1）原料乳质量不佳　含有由微生物（特别是嗜冷菌）产生的较多的脂肪

酶，而这些脂肪酶较耐热，在超高温温度下，不能被完全钝化。有研究表明，经140℃、5s的热处理，胞外脂肪酶的残留量约为40%。残留的脂肪酶在产品储存期间分解脂肪球膜，释放出自由脂肪酸，而导致脂肪易聚合上浮。

（2）原料乳储存时间较长　因原料乳需在低温下储存，否则易造成原料乳的变质。但在低温下储存时间过长，易造成嗜冷菌的繁殖，产生较多的脂肪酶，从而使加工完的牛乳易脂肪上浮（原因同上）。

（3）加工过程中牛乳均质效果不好　若均质效果不好，牛乳中的脂肪球没有打碎到很小的粒度以及充分的分散，加工后牛乳中的这些脂肪球易重新聚集，形成大的脂肪球，从而加快脂肪上浮速度。

（4）加工后的牛乳存放时间过长或储存温度较高　牛乳加工后，由于牛乳的特性，都会存在着脂肪上浮，如果只是原料、加工控制得好，也仅能延缓脂肪聚集上浮的速度而已。因此，加工后的牛乳随着存放时间的延长，脂肪上浮的情况也会加重。同时，在一定温度下，若储存温度较高，也会造成脂肪分子的碰撞聚合机会增加，从而使脂肪上浮速度加快。

2. 蛋白质凝固包或苦包产生的主要原因

原料乳中由于微生物（特别是嗜冷菌）产生的蛋白分解酶较耐热，其耐热性远远高于耐热芽孢，曾有人计算过，一种蛋白分解酶的耐热性是嗜热脂肪芽孢杆菌耐热性的4000倍。同样有研究表明，经140℃、5s的热处理，胞外蛋白酶的残留量约为29%。残留的蛋白分解酶在加工后的储存过程中分解蛋白质，根据蛋白分解程度的不同，可分为下列两种情况。

（1）凝块的出现　凝块出现的快慢与产品中蛋白分解酶的残留量和销售条件有关，通常是牛乳先不稳定，有时看上去牛乳还没有出现凝块，但一加热就出现凝块，严重时在盒底部有明显的蛋白凝块，一般凝块出现在生产2个月以后。

（2）苦包的产生　若蛋白分解酶分解蛋白质形成带有苦味的短肽链（苦味来源于由某些带苦味的氨基酸残基形成的），则产品就带有苦味，并且随着储存时间的延长，苦味会加重。

3. 理化指标偏低包（俗称“水包”）产生的主要原因

（1）开始灌装时，以乳顶水，若控制不好，乳顶水时间太短，造成水没有顶干净就开始包装，使包装后的少量产品理化指标偏低。

（2）生产快结束时，以水顶乳，若控制不好，水顶乳时间太长，造成水混入乳中，使包装后的少量产品理化指标偏低。

4. 褐色包产生的主要原因

（1）灭菌温度较高或灭菌时间较长，会加剧非酶褐变（即美拉德反应生成黑色素），从而使乳易褐变。

（2）没有无菌罐的厂家，若超高温灭菌的乳回流量大，回流次数多，则乳易褐变。

（3）有无菌罐的厂家，若超高温灭菌机调速，从高速调到低速至流量稳定的一段时间内，会使乳的受热时间延长和加热温度升高，从而使这一段时间的乳褐变加剧（同正常加热的乳相比较）。

（4）若原料乳质量不佳或灭菌时间长，会使加热器内表面结垢，若垢层太厚掉落乳中，就会使这一段时间的乳褐变加剧，有时乳中还会有褐色块状物。

（5）若产品在高温下储存时间较长，会使乳褐变加剧，颜色较深。

5. 沉淀包（特别是乳饮料或高钙牛乳）产生的主要原因

（1）添加的稳定剂使用的品种或量不对，使产品的稳定性差，产品易沉淀。

（2）随着产品储存时间的延长，产品中稳定剂的稳定效果会下降，则沉淀量会逐渐增加。

6. 分层包（特别是酸性乳饮料）产生的主要原因

（1）若加工工艺控制不当（如调酸过快或所加酸浓度较高），都会造成牛乳组织状态的不稳定，使产品易分层。

（2）添加的稳定剂使用的品种或量不对，使产品的稳定性差，产品易分层。

（3）酸性乳饮料灭菌的温度较高，造成产品的稳定性下降，产品易分层。

（六）由于理化原因引起的质量问题应采取的措施

（1）对脂肪上浮应采取的措施

①加强对原料乳的控制：搞好原料乳的卫生，减少微生物的污染，细菌总数应小于10^5CFU/mL；加快原料乳的生产，最好在挤乳后24h内加工完毕；原料乳进储藏罐时，最好进行预巴氏杀菌，以杀灭会产生耐热酶的嗜冷菌。预巴氏杀菌温度为65～70℃，时间为15s左右。

②严格控制好均质压力、温度和均质头平整等状态。均质温度为70～75℃，均质压力为采用二级均质（第一级均质压力为18～20MPa；第二级均质压力为5MPa）；均质头要保持平整，否则会影响脂肪球的破碎效果；均质前最好先脱气。

③前处理时，严格控制搅拌速度和时间，减少乳中混入空气的量。

④生产的产品要避免高温储藏，尽快销售。

（2）对蛋白凝固包和苦包应采取的措施同（1）中的①和④。

（3）对理化指标偏低包（俗称“水包”）应采取的措施

①严格按规定做好乳顶水、水顶乳的操作，防止产生理化指标偏低包。

②在开机进入生产线的首包、生产结束时的最后一包以及超高温断料顶水时间段的产品进行检测，发现理化指标偏低包，则要对有关产品进行管制，并重点进行检查，以挑出理化指标偏低包。

（4）对褐色包应采取的措施

①根据不同的产品特点，严格控制好灭菌温度和灭菌时间。

②不要在高温条件下储藏。

③生产中若没有无菌罐，严格控制好回流量，一般控制在3%～5%。

④生产中若有无菌罐，在生产时要减少超高温的流量变化，如从生产能力大调整到生产能力小时，会使这一段时间乳受热强度比其他时间段强（因为受热温度增高，受热时间变长），从而使颜色加深。

⑤超高温加工的时间长短，同原料乳的品质有关（原因为原料乳品质好，则乳加热时稳定性就好，加热器的内表面就不易结垢，内外温度变化小），一般内外温差变化要求小于10℃，否则要停机清洗。

⑥对于超高温连续灭菌而言，即使原料乳品质好，内外温差变化小于10℃，超高温连续生产也最好不要超过12h，以免加热器的内表面上的乳垢掉到乳中，使乳中有褐色块。

（5）对沉淀包（特别是对乳饮料或高钙牛乳而言）应采取的措施

①改进所用稳定剂的品种或添加量，以减缓沉淀速度。

②由于乳饮料（或高钙乳）加有较多的辅料（有些是不易溶解的物质，如钙粉等），从而造成了产品的不稳定，即使加有稳定剂，也只是延缓沉淀的速度。因此产品要在低温下储藏，并尽快销售，以减少沉淀量。

③对于乳饮料而言，采用适当的方法（石英砂过滤、渗透膜过滤等）改进所用水的质量。使用硬度小和电导率低的水（一般电导率小于50μS/cm）。

（6）对分层包（特别是对酸性乳饮料而言）应采取的措施

①对于酸性乳饮料，若灭菌温度太高，会影响其中的稳定剂的稳定性，造成牛乳分层，因此灭菌温度不能太高，时间不能太长，一般采用灭菌温度为115～120℃，时间4s左右。

②改进所用的稳定剂品种或添加量，以确保稳定效果。

③严格按工艺规程操作（如调酸浓度和调酸速度要严格控制）以确保产品不分层。

任务三 | 酸乳加工

一、 背景知识

发酵乳是通过乳酸菌发酵和由乳酸菌、酵母菌共同发酵（如开菲尔）制成的乳制品。发酵乳制品是一个综合名称，包括酸乳、开菲尔、发酵酪乳、酸乳油、乳酒（以马乳为主）等。发酵乳的名称是由于牛乳中添加了发酵剂，使部分乳糖转化成乳酸而来的。在发酵过程中还形成CO_2、醋酸、丁二酮、乙醛和其他物质。在保质期内，该类产品中的特征菌必须大量存在，并能继续存活。通常根据成品的组织状态、口味、原料中乳脂肪含量、生产工艺和菌种的组成可以将酸乳分成不同类别。

酸乳的分类方法如下：

（1）按成品的组织状态分类

①凝固型酸乳：其发酵过程在包装容器中进行，从而使成品因发酵而保留其凝乳状态。

②搅拌型酸乳：发酵后的凝乳在灌装前搅拌成黏稠状组织状态。

（2）按成品的口味分类

①天然纯酸乳：产品只由原料乳和菌种发酵而成，不含任何辅料或添加剂。

②加糖酸乳：产品由原料乳和糖加入菌种发酵而成。在我国市场上常见，糖的添加量较低，一般为6%～7%。

③调味酸乳：在天然酸乳或加糖酸乳中加入香料而成。

④果料酸乳：成品是由天然酸乳与糖、果料混合而成。

⑤复合型或营养健康型酸乳：通常在酸乳中强化不同的营养素（维生素、食用纤维素等），或在酸乳中混入不同的辅料（如谷物、干果、菇类、蔬菜汁等）而成。这种酸乳在西方国家非常流行，人们常在早餐中食用。

⑥疗效酸乳：包括低乳糖酸乳、低热量酸乳、维生素酸乳或蛋白质强化酸乳。

（3）按发酵的加工工艺分类

①浓缩酸乳：将正常酸乳中的部分乳清除去而得到的浓缩产品。因其除去乳清的方式与加工干酪方式类似，也有人称其为酸乳干酪。

②冷冻酸乳：在酸乳中加入果料、增稠剂或乳化剂，然后将其进行冷冻处理而得到的产品。

③充气酸乳：发酵后在酸乳中加入稳定剂和起泡剂（通常是碳酸盐），经过均质处理即得这类产品。这类产品通常是以充CO_2气体的酸乳饮料形式存在。

④酸乳粉：通常使用冷冻干燥法或喷雾干燥法将酸乳中约95%的水分除去而制成酸乳粉。制造酸乳粉时，在酸乳中加入淀粉或其他水解胶体后再进行干燥处理而成。

（4）按菌种组成和特点分类

①嗜热菌发酵乳：包括单菌发酵乳（如嗜酸乳杆菌发酵乳、保加利亚乳杆菌发酵乳）和复合菌发酵乳（如酸乳及由酸乳的两种特征菌和双歧杆菌混合发酵而成的发酵乳）。

②嗜温菌发酵乳：包括经乳酸发酵而成的产品（这种发酵乳中常用的菌有乳酸链球菌属及其亚属、肠膜状明串珠菌和干酪乳杆菌）和经乳酸发酵、酒精发酵而成的产品（如酸牛乳酒、酸马乳酒）。

二、 实训目的

（1）学习酸乳的产品特征及加工原理。

（2）掌握酸乳的加工工艺及技术要点。

三、 主要原料与设备

（一）原料

1. 原料乳

原料乳质量应符合《GB 19301—2010 生乳》的规定，生产酸乳的原料乳必须是高质量的，要求酸度在18°T以下，杂菌数不高于5×10^5CFU/mL，总干物质含量不得低于11.5%。75°酒精试验阴性，抗生素检验结果呈阴性。不得使用病畜乳（如乳房炎乳）和残留抗菌素、杀菌剂、防腐剂的牛乳。

2. 发酵菌种

发酵菌种包括保加利亚乳杆菌和嗜热链球菌。

3. 白砂糖

质量应符合《GB 317—2006 白砂糖》的规定。

4. 辅料

（1）脱脂乳粉（全脂乳粉） 用作发酵乳的脱脂乳粉质量必须高，无抗生素、防腐剂。脱脂乳粉可提高干物质含量，改善产品组织状态，促进乳酸菌产酸，一般添加量为1.0%～1.5%。

（2）稳定剂 在搅拌型酸乳生产中，通常要添加稳定剂，稳定剂一般有明胶、果胶、琼脂、变性淀粉、羧甲基纤维素（CMC）及复合型稳定剂，其添加量应控制在0.1%～0.5%。凝固型酸乳也有添加稳定剂的。

（3）糖及果料 一般用蔗糖或葡萄糖作为甜味剂，其添加量可根据各地口味不同有所差异，一般以6.5%～8.0%为宜。

果料的种类很多（如果酱），其含糖量一般在50%左右。

果肉主要是在粒度的选择上要注意（一般为2～8mm）。

果料及调香物质在搅拌型酸乳中使用较多，而在凝固型酸乳中使用较少。

（二）设备

收乳的傍乳槽、净乳机、储乳罐、配料罐、均质机、巴氏杀菌机、发酵罐、灌装机、包装机。

四、 酸乳加工技术

1. 凝固型酸乳加工工艺

加工工艺流程（图1－3）为：

原料乳验收 → 净乳 → 标准化 → 配料 → 预热、均质 → 杀菌 → 冷却 → 接种发酵剂 → 灌装 → 发酵 → 冷藏、后熟

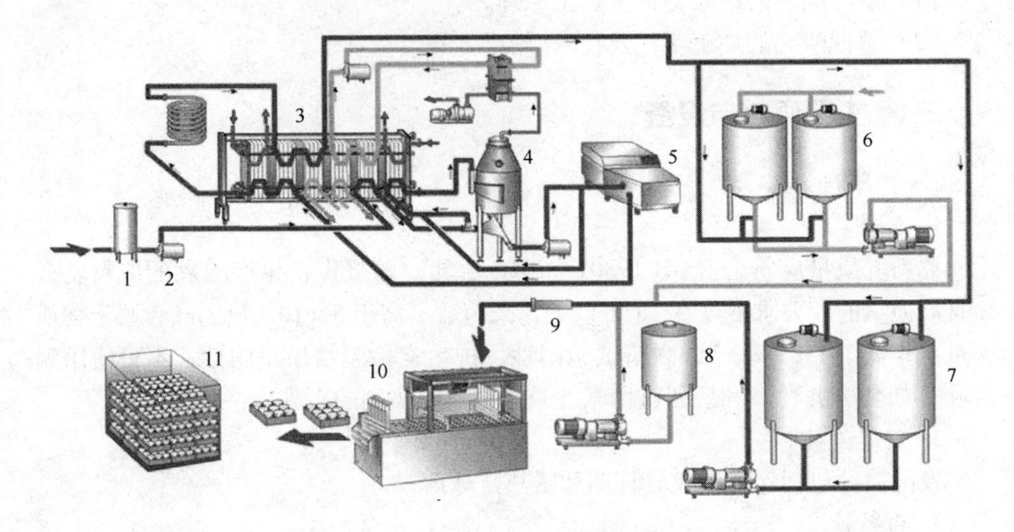

图 1-3　凝固型酸乳生产流程图

1—平衡槽　2—进料泵　3—板式换热器　4—分离机　5—均质机　6—发酵剂罐
7—缓冲罐　8—香料罐　9—混合器　10—灌装机　11—发酵柜

（1）原料乳预处理及标准化　同巴氏杀菌乳加工。

（2）配料　添加6%的蔗糖，将原料乳加热至50℃左右，再加入蔗糖，继续升温至65℃，经过滤除去杂质，再加入到标准化乳罐中。

（3）预热、均质、杀菌、冷却　预热、均质、杀菌和冷却都是在由预热段、杀菌段、保温段、冷却段组成的板式换热器和外接的均质机联合完成的。

各工段的工艺参数如下：

①预热：60 ~ 70℃。

②均质：第一段的均质压力为：18 ~ 25MPa；第二段的均质压力为5 ~ 10MPa。

③杀菌：95℃，保温300s。

④冷却：冷却至43℃（±2℃）。

（4）发酵剂的制备方法

①还原乳的配制：

a. 按照总固体含量为12%的比例配制。

b. 称取48g的脱脂乳粉于500mL三角瓶中，加水至400g。

c. 搅拌，充分溶解；盖塞，准备灭菌。

②还原乳的灭菌：

将包装好的还原乳在121℃条件下，灭菌5min。

③接种、培养：

a. 将灭过菌的还原乳从高压锅内取出，冷却至43℃左右，接入适量菌粉（要求必须无菌操作）。

b. 放于43℃的培养箱内培养，2.5h后开始观察，3h凝固后取出，冷却至室温后放在冰箱中2～8℃冷藏。具体制备量依据需要量来确定。

（5）接种

①接种前应将发酵剂充分搅拌，使凝乳完全破坏。

②严格注意操作卫生（注意环境卫生、操作人员的个人卫生）。

③发酵剂加入后，要充分搅拌10min，使菌体与杀菌冷却后的牛乳完全混匀。

④注意保持乳温不要过度降低。

⑤发酵剂的用量主要根据发酵剂的活力而定，一般为原料乳量的3%～5%。

（6）灌装　接种后经充分搅拌的牛乳应立即连续地灌装到容器中。速度要快，防止乳温降低。否则会延长发酵时间，影响产品风味。可用玻璃瓶、塑料杯或纸盒进行灌装。另外，灌装时间过长，将导致未灌装的牛乳开始产酸，蛋白质开始变性凝固，造成产品灌装后的乳清析出。实际生产时必须保证灌装设备运行正常，在要求的时间内将产品全部灌装完。

（7）发酵　发酵温度为42～43℃，发酵时间为3～4h。

发酵终点的判断：发酵一定时间后，抽样观察，打开瓶盖，观察酸乳的凝乳情况。若已基本凝乳，马上测定酸度，酸度达到60～70°T，则可终止发酵。

（8）冷却　冷却是为了终止发酵过程，迅速而有效地抑制酸乳中乳酸菌的生长，使酸乳的特征（质地、口味、酸度等）达到所设定的要求。

（9）冷藏、后熟　冷藏温度为2～7℃，促进香味物质产生，改善酸乳硬度。酸乳终止发酵后第12～24h为后熟期。

2. 搅拌型酸乳加工工艺

搅拌型酸乳生产中，从原料乳验收一直到接种，基本与凝固型酸乳相同。两者最大的区别在于凝固型酸乳是先灌装后发酵，而搅拌型酸乳是先在发酵罐中发酵后再进行灌装。

搅拌型酸乳工艺流程（图1－4）：

原料乳验收→净乳→标准化→配料→预热、均质→杀菌→冷却→接种发酵剂→发酵罐中发酵→适度搅拌、快速冷却→灌装→包装→入库冷藏

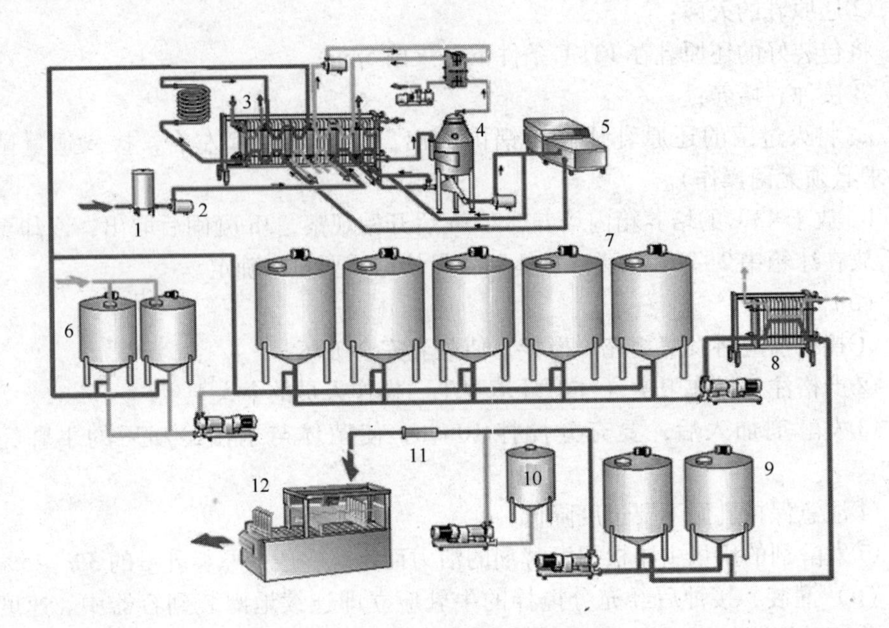

图 1－4　搅拌型酸乳生产流程图

1—平衡槽　2—进料泵　3—板式换热器　4—分离机　5—均质机　6—发酵剂罐
7—发酵罐　8—板式冷却器　9—缓冲罐　10—果料、香精罐　11—混合器　12—灌装机

（1）发酵　发酵在专门的发酵罐中进行。发酵罐带保温装置，并设有温度计和 pH 计。pH 计可控制罐中的酸度，当酸度达到一定值后，pH 计就传出信号。发酵罐利用罐体四周夹层里的热媒体来维持一定的温度。

（2）冷却破乳

①冷却方法：采用间隙冷却（用夹套）或连续冷却（管式或板式冷却器）。若采用夹套冷却，搅拌速度不应超过 48r/min，从而使凝乳组织结构的破坏减小到最低限度。

②冷却温度：发酵后的凝乳先冷却至 15～20℃，然后混入香味剂或果料后灌装，再冷却至 10℃以下。

③为避免泵对酸乳凝乳组织的影响，冷却之后在往包装机输送时，采用高位自流的方法，不使用容积泵。

（3）灌装　混合均匀的酸乳和果料，直接流入灌装机进行灌装。搅拌型酸乳通常采用塑料杯装或屋顶形纸盒包装。

五、 成品评定

成品评定参照《GB 19302—2010 发酵乳》的规定进行。

六、酸乳的质量控制

（一）胀包

酸乳在储存及销售过程中，特别是在常温下销售及储存时很容易出现胀包。酸乳由于作为产气菌的酵母菌作用而产生气体，所以酸乳变质的同时也使酸乳的包装气胀。

1. 原因分析

污染酸乳而使酸乳产气的产气菌主要是酵母菌和大肠杆菌，其污染途径主要为以下几方面：菌种被产气菌污染（主要是酵母菌）；生产过程中酸乳被酵母菌和大肠杆菌污染；酸乳的包装材料被酵母菌和大肠杆菌污染。

2. 控制措施

（1）继代菌种在传代过程中要严格控制环境卫生，确保无菌操作，可用一次性直投干粉菌种来解决继代菌种存在的一些弊端。

（2）严格控制生产过程中可能存在的污染点和一些清洗不到的死角。如设备杀菌、发酵罐、酸乳缓冲罐、发酵罐进出料管、灌装设备等一定要清洗彻底以后再进行杀菌，杀菌温度一般为90℃以上（设备的出口温度）并且保温20～40min，杀菌效果的验证可采取涂抹试验，以检验生产环境空气中酵母菌含量是否超标。可采取ClO_2喷雾、乳酸熏蒸、空气过滤等措施来解决空气污染，采取空气降落法来检验空气中酵母菌、霉菌数。另外，严格控制人体卫生，进车间前一定要严格消毒，生产过程中经常对工作服、鞋及人手进行涂抹试验，确保人体卫生合格，加强车间环境、设备等方面的消毒、杀菌工作以确保大肠杆菌无论是在工序还是成品中都是未检出的状态；

（3）使用合格的包材应存放于无菌环境中，使用前用紫外灯杀菌；

（4）也可采取添加一定量的抑制酶（抑制酵母菌和霉菌）来解决此问题。

（二）产品发霉

酸乳在销售、储存过程中有霉菌生长，长出霉斑，从而使酸乳变质。

1. 原因分析

菌种污染霉菌或接种过程中有霉菌污染；生产过程中有霉菌污染；包材被霉菌污染。

2. 控制措施

（1）使用传代菌种　菌种在传代过程中要严格控制污染，确保无菌操作，保证菌种免受霉菌污染。

（2）生产环境要严格进行消毒、杀菌，确保生产环境中霉菌数合格。

（3）包材在进厂之前一定要严格检验，确保合格，存放于无菌环境中，使用时用紫外灯杀菌。

（4）可采取加入抑制酶（抑制酵母菌和霉菌）来解决。

（三）乳清析出

酸乳在生产、销售、储存时会出现乳清析出的现象，发酵乳的国家标准规定酸乳允许有少量的乳清析出，但大量的乳清析出属于不合格产品。

1. 原因分析

乳中干物质、蛋白质含量低；脂肪含量低；均质效果不好；接种温度过高；发酵过程中凝胶组织遭受破坏；乳中氧气含量过大；菌种产黏度低；灌装温度过低；酸乳在冷却、灌装过程中充入气体；酸乳配方中没加稳定剂或用量过少。

2. 控制措施

（1）调整配方中各组成成分的比例，增加乳干物质、蛋白质的含量。

（2）增加乳中的脂肪含量。

（3）均质温度设定在65～70℃，压力为15～20MPa，经常检验乳的均质效果，定期检查均质机部件，如有损坏及时更换。

（4）将接种温度和发酵温度严格控制在（43±1）℃。

（5）发酵过程要静止发酵，检查发酵罐的搅拌是否关闭。

（6）采用脱气设备，将乳中气体除掉。

（7）选择产黏度高的菌种。

（8）灌装温度最好设定为20℃以上。

（9）严格检查酸乳运输中的泵及管路是否漏气。

（10）调整酸乳的配方，选择合适的稳定剂及合理的添加量。

（四）酸乳的组织状态不细腻

饮用酸乳时酸乳过于黏稠，口感不好，组织状态不细腻。粗糙、酸乳呈黏丝状糊口，也是酸乳常见的质量问题。

1. 原因分析

均质效果不好；搅拌时间短或运输酸乳的泵速度较慢；干物质、蛋白质含量过高；稳定剂选择的不好或添加量过大。

2. 控制措施

（1）控制均质温度，均质温度设在65～70℃，压力为15～20MPa，经常检验乳的均质效果。定期检查均质机部件，如有损坏及时更换。

（2）确定合理的工艺条件，加大运输酸乳的泵的速度。

（3）降低乳中干物质、蛋白质的含量。

（4）选择适合的稳定剂及合理的添加量，根据具体设备情况确定合理的配方。

（五）酸度过高

酸度过高、口感刺激、不柔和，饮用酸乳时酸乳的酸度过高，酸甜比不合理。特别是酸感较刺激，极不柔和是酸乳常见的质量问题。

1. 原因分析

采用传代菌种时，杆菌和球菌比例失调；酸乳发酵过长，产酸过多；酸乳的冷却时间过长，导致酸度过高；酸乳储存温度过高，后酸化严重；接种量过大，酸化过快；所用菌种的后酸化过强。

2. 控制措施

（1）菌种在传代过程中应注意每次菌种的添加量，一般为2.5%～3.0%；培养温度为（43±1）℃。严格控制所用原料乳的质量，特别是抗生素的检验一定要合格。对每次扩培后的菌种应及时检验杆菌和球菌的比例，如果传代条件不成熟应改用一次性直投干粉菌种。

（2）掌握酸乳的发酵时间，及时检验，确定发酵终点并及时冷却。

（3）确定合理的冷却时间，尽量控制酸乳酸度的增长。

（4）降低酸乳的储存温度，使储存温度在2～6℃。

（5）工作发酵剂的接种量在3%～5%，一次性直投干粉的添加量按其厂家要求添加。

（6）选择后酸化弱的菌种，或者在酸乳发酵后添加一些能够抑制乳酸菌生长的物质来控制酸乳的后酸化。

（六）甜度过高

饮用酸乳时，甜味突出，酸味淡。

1. 原因分析

甜味剂使用量过大；发酵终点的酸度设定过低；后发酵产酸过低。

2. 控制措施

（1）调整酸乳配方，确定合理的甜味剂添加量，确保成品的酸甜比合理。

（2）发酵终点的酸度标准确定合理。

（3）酸乳的冷却温度要合理，一般为（20±1）℃。控制好原料乳的质量，确保后发酵正常产酸。

（七）香气不足

饮用酸乳时，酸乳的香味淡，风味欠佳，是酸乳常见的质量问题。

1. 原因分析

原料乳不新鲜；所用菌种产香差。

2. 控制措施

（1）生产酸乳用的原料乳要特别挑选，牛乳要选用新鲜的纯牛乳，不得含有抗生素和杂质，并且原料乳不论是杀菌前还是杀菌后，如果3h内不生产，必须将温度冷却到3℃以下，原料乳的酸度应严格控制在14～16°T，细菌总数应小于2.5×10^5CFU/mL，体细胞数应小于4×10^5CFU/mL。

（2）改用产香好的菌种。

（八）有异味

酸乳在生产、销售过程中有乳粉味，有时还有苦味、塑料味等。

1. 原因分析

原料乳的干物质低，用乳粉调整原料乳的干物质和蛋白质时，添加的乳粉量过大从而影响酸乳的风味；接种量过大或菌种选用的不好；包装材料带来的异味。

2. 控制措施

（1）增加乳的干物质和蛋白质含量时，尽量少加乳粉。如果达不到干物质和蛋白质含量的要求，采用将乳闪蒸或浓缩，来提高乳干物质和蛋白质含量。

（2）工作发酵剂的接种量在3%~5%，一次性直投干粉的添加量按其厂家要求添加，如仍有苦味应改换菌种。

（3）对包装材料进行检验，使用合格的包装材料。

（九）酸乳中有小颗粒

酸乳经破乳搅拌、泵送、灌装之后，有时酸乳中有较硬的小颗粒，饮用时有砂粒感，这种现象在酸乳生产中比较少见。

1. 原因分析

乳的磷酸钙沉淀、白蛋白变性；接种温度过高或过低；菌种的原因。

2. 控制措施

（1）调整热处理温度，一般加工酸乳热处理温度为90~95℃，时间为5~15min。

（2）接种温度应控制在（43±1）℃。

（3）更换菌种，搅拌型酸乳所用的菌种应选用产黏度高的菌种。

（十）酸乳口感偏稀

饮用酸乳时，口感偏稀，黏稠度偏低，口感不好是搅拌型酸乳常见的质量问题。

1. 原因分析

乳中干物质含量偏低，特别是蛋白质含量低；没有添加稳定剂或稳定剂的添加量少，稳定剂选用的不好；热处理或均质效果不好；酸乳的搅拌过于激烈；过程中机械处理过于激烈；破乳搅拌时酸乳的温度过低；发酵期间凝胶体遭破坏；菌种的原因。

2. 控制措施

（1）调整配方，使乳中干物质含量增加，特别是蛋白质含量；提高乳中干物质含量，特别是蛋白质含量，对酸乳的质量起主要作用。

（2）添加一定量的稳定剂来提高酸乳的黏度，可改善酸乳的口感。

（3）调整工艺条件，控制均质温度，均质温度一般设在65~70℃，压力为15~20MPa要经常检验乳的均质效果，定期检查均质机部件，如有损伤应及时更换。

（4）调整酸乳的搅拌速度及搅拌时间，正常发酵罐搅拌的转速为24r/min。

（5）运输酸乳的泵应采用正位移泵，并且控制好泵的速度。

（6）采用夹层，走冰水冷却酸乳时，提高夹套出口水温度，如采用板式换热器冷却酸乳时，最好将冷却温度设为（20 ±1）℃。

（7）发酵期间保证乳处于静止状态，检查搅拌是否关闭。

（8）搅拌型酸乳的菌种应选用高黏度菌种。

生产高品质的搅拌型酸乳应从以下几方面考虑：①高质量的原料乳和辅料是生产高品质酸乳的关键；②正确的杀菌条件；③继代菌种应选活力好、菌种比例平衡、无污染的发酵剂。另外，最好采用一次性直投干粉菌种；④选用卫生条件能达到要求的灌装设备；⑤要有好的接种方式和接种环境；⑥合理的培养温度和时间；⑦采取相应措施，避免发酵后的二次污染；⑧产品的运输、销售、储存温度应严格控制在 2 ~6℃。

任务四 | 乳粉加工

一、 背景知识

（一）乳粉的概念

乳粉是以鲜乳为原料，或以鲜乳为主要原料，添加一定数量的植物或动物蛋白质、脂肪、维生素、矿物质等配料，除去乳中几乎全部的水分，经杀菌、浓缩、干燥等工艺制成的粉末状乳制品。

（二）乳粉的特点

乳粉具有储藏期长、营养丰富、食用方便、便于运输、食品加工的原料（糖果、冷饮、糕点）等。

（三）乳粉的种类

1. 全脂乳粉

全脂乳粉以全脂鲜乳为原料加工而成，分加糖（全脂甜乳粉）、不加糖（全脂淡乳粉）。

2. 脱脂乳粉

脱脂乳粉以脱脂鲜乳为原料加工而成，一般都不加糖。

3. 配制乳粉

配制乳粉是在乳中添加各种营养素而成。

最初主要是针对婴儿的营养需要而研制，目前呈现系列化的发展趋势，如中老年乳粉、孕妇乳粉、降糖乳粉、营养强化乳粉等。

4. 速溶乳粉

速溶乳粉以全脂或脱脂牛乳为原料，经特殊加工工艺（附聚、喷涂卵磷脂等）加工而成。对温水和冷水具有良好的润湿性、分散性及溶解性。

5. 其他乳粉

其他乳粉包括：乳清粉（普通乳清粉、脱盐乳清粉、浓缩乳清粉）；酪乳粉；冰淇淋粉；奶油粉；麦精乳粉（可溶性的麦芽糖、糊精等）。

二、 实训目的

（1）学习乳粉产品特性及加工原理。

（2）掌握全脂乳粉、脱脂乳粉、婴儿粉的加工技术。

三、 主要原料与设备

（一）原料

生乳，参照《GB 19301—2010 生乳》的规定。白砂糖及其他原料应符合相应的国家标准或有关规定。

（二）设备

原料乳预处理设备（收乳泵、净乳机、储乳罐、配料罐）、双效（或多效）蒸发器、真空浓缩设备、喷雾干燥器、晾粉箱、出粉装置、包装机。

四、 乳粉加工技术

（一）全脂乳粉加工技术

1. 全脂乳粉加工工艺流程

原料乳验收 → 预处理 → 预热、均质、杀菌 → 真空浓缩 → 喷雾干燥 → 出粉 → 晾粉、筛粉 → 包装 → 装箱 → 检验 → 成品

2. 操作要点

（1）原料验收　只有优质的原料乳才能生产出优质的乳粉，原料乳必须符合国家标准规定的各项要求，严格进行感官检验、理化检验和微生物检验。

（2）标准化

①乳脂肪标准化：成品中含有25% ~30%的脂肪。

②蔗糖标准化：国家标准规定全脂甜乳粉的蔗糖含量为20%以下。生产厂家一般控制在19.5% ~19.9%。

a. 加糖方法有：净乳之前加糖；将杀菌过滤的糖浆加入浓乳中；包装前加蔗糖细粉于干粉中；于处理前加一部分，包装前再加一部分。

b. 加糖量和总干物质量的计算方法。根据“比值”不变的原则，即原料乳中蔗糖与干物质之比等于乳粉成品中蔗糖与干物质之比，按下式计算加糖量：

$$Q = E \cdot F$$

式中　Q——蔗糖加入量,%

E——原料乳中干物质含量,%

F——甜乳粉中蔗糖与干物质之比

乳粉中总干物质量/% =100% - 水分含量 - 蔗糖含量

（3）均质　生产全脂乳粉、全脂甜乳粉以及脱脂乳粉时，一般不必经过均质操作；但若乳粉的配料中加入了植物油或其他不易混匀的物料时，就需要进行均质操作，均质的压力一般控制在14~21MPa，温度控制在60℃。均质后脂肪球变小，从而可以有效地防止脂肪上浮，并易于消化吸收。

（4）杀菌　通常使用列管式杀菌器或板式杀菌设备。杀菌温度为80~85℃，时间为15s；超高温瞬时杀菌装置（板式、列管式或直接喷射式）的温度为130~135℃，时间为2~4s；国外生产上用较多的是温度为85~115℃，时间为2~3min。

（5）真空浓缩

①真空浓缩的原理：浓缩是蒸发乳中的水分，提高乳固体含量，使乳固体含量达到所要求浓度的过程。在乳品工业中，一般采用减压加热浓缩，即所谓的真空浓缩。真空浓缩是在真空的条件下（真空度保持在80~90kPa 乳温为51~56℃），将原料乳浓缩至原体积的1/4左右。这时，乳固体含量为40%~45%。

②真空浓缩的优点：

a. 有利于提高干燥设备的生产能力，节约能源，降低成本。喷雾干燥是利用加热空气对物料进行干燥，热效率较低（每蒸发1kg水分需消耗2.5~3.0kg加热蒸汽）。真空浓缩是采用蒸汽加热器加热乳液，并且是在减压条件下作业的，因而热效率较高（如单效盘管式真空浓缩锅每蒸发1kg水分仅消耗1.1kg加热蒸汽；双效降膜式真空浓缩器仅消耗0.39kg加热蒸汽；效数更多的蒸发器，蒸汽耗量更少）。因此干燥前经真空浓缩除去70%~80%的水分，在经济上是合理的。

b. 真空浓缩有利于提高产品质量。经浓缩后喷雾干燥的乳粉，颗粒比较粗大，具有良好的流动性、分散性、可湿性和冲溶性，乳粉的色泽也较好。

c. 真空浓缩可以改善乳粉的保藏性。真空浓缩排除了乳中的空气，降低了乳粉保藏过程中的脂肪氧化作用。

d. 真空浓缩后有利于包装。经过浓缩后喷雾干燥的乳粉，其颗粒致密、坚实、密度较大，对包装有利。

浓缩终点的判断：浓缩终点乳固体含量为40%~45%，乳温为47~50℃，乳浓度为14~16°Bé。

浓度控制：取样测定浓缩乳的密度或黏度；在浓缩设备上安装折光仪进行连续测定。

（6）干燥　干燥的目的是使乳粉中的水分含量在2.5%~5.0%，抑制细菌繁殖；延长货架寿命；降低重量和体积；减少产品的储存和运输费用。

目前主要采用喷雾干燥的方法对乳粉进行干燥。

①喷雾干燥的原理：喷雾干燥是采用机械力量（压力、离心），通过雾化器将浓缩乳在干燥室内喷成极细小的雾状乳滴（直径为10～150μm，平均50μm），使其表面积大大增加（每1L乳可被分散成146亿个小雾滴，表面积达54000m^2），加速水分蒸发速率。

雾状乳滴一经与同时鼓入的热空气接触，水分便在瞬间（0.01～0.04s）被蒸发除去，使细小的乳滴干燥成乳粉颗粒。整个干燥过程仅需15～30s。

②喷雾干燥的优点：干燥速度快，物料受热时间短。被分散成10～150μm的雾滴具有很大的表面积，这些雾滴在150～200℃的热空气中强烈汽化，物料迅速被干燥。

干燥过程温度低，乳粉品质好。

鼓入干燥塔的热风温度虽然很高，但由于雾化后大量微细乳滴中的水分在瞬间被蒸发除去，汽化潜热很大，因此乳滴乃至乳粉颗粒受热温度不会超过60℃，蛋白质也不会因受热而明显变性。所得乳粉复水后，其风味、色泽、溶解度与鲜乳也大体相似。

干燥后的产品不必粉碎；只需过筛，块状粉末就能粉碎。

干燥在密闭状态下进行，干燥室在负压下生产，不会造成粉尘飞扬，卫生质量好。

机械化、自动化程度高。

③喷雾干燥的缺点：设备热效率较低。干燥室体积庞大，粉尘回收装置比较复杂，设备清扫工作量大。

④喷雾干燥流程：见图1－5。

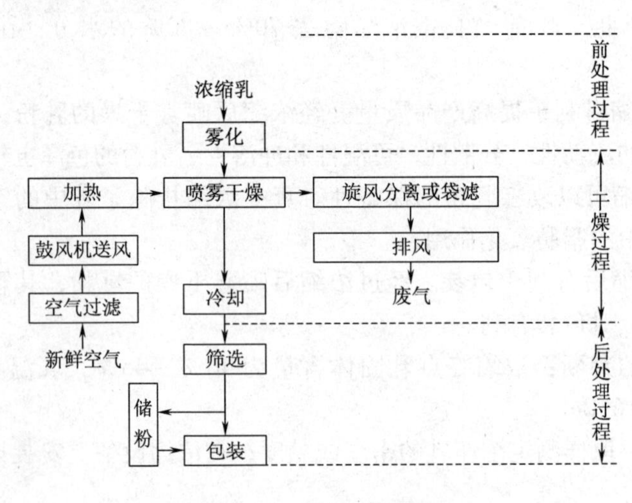

图1－5 喷雾干燥流程

⑤压力喷雾干燥：浓乳的雾化是通过一台高压泵的压力和安装在干燥塔内部的喷嘴来完成的。

雾化原理为浓乳在高压泵的作用下，通过一狭小的喷嘴后，瞬间雾化成无数微细的小液滴。

压力雾化状态取决于雾化器的结构，喷雾压力（微孔流量），浓乳的物理参数（浓度、黏度、表面张力等）。

压力雾化的工艺条件如表1-2所示。

表1-2　压力喷雾生产乳粉的工艺条件

条件	全脂乳粉	全脂加糖乳粉	大颗粒速溶加糖乳粉
浓乳浓度/°Bé	12~13	14~16	18~18.5
乳固体含量/%	45~55	45~55	50~60
浓乳温度/℃	40~45	40~45	45~47
高压泵压力/MPa	13~20	13~20	8~10
喷雾孔径/mm	1.2~1.8	1.2~1.8	1.4~2.5
喷嘴数量/只	3~6	3~6	3~6
喷嘴角度/rad	1.047~1.571	1.222~1.394	1.047~1.222
进风温度/℃	140~170	140~170	150~170
排风温度/℃	80左右	80左右	80~85
排风相对湿度/%	10~13	10~13	10~13
干燥室负压/Pa	98~196	98~196	98~196

⑥离心喷雾干燥：利用在水平方向做高速旋转的圆盘的离心力作用进行雾化，将浓乳喷成雾状，同时与热风接触达到干燥的目的。

离心喷雾干燥机有以下特点：调整离心盘的转速，可以增减浓缩乳的处理量；得到的乳粉颗粒比较均匀；浓度和黏度高的乳，都可以喷雾，所以乳的浓度可以提高到50%以上；不需要高压泵，容易自动控制。

离心雾化状态取决于转盘结构及其圆周速度（直径与转速），浓乳的流速和流量，浓乳的浓度、黏度、表面张力等。液滴大小可用以下经验公式计算：

$$D = 98.5\frac{1}{n}\sqrt{\frac{9.8\sigma}{Rp_{\mu}}}$$

式中　D——液滴直径，m

n——转盘转速，r/min

σ——液滴表面张力，N/m，70℃时鲜乳的表面张力约为0.0421N/m，浓乳约为0.049N/m

p_{μ}——液滴密度，kg/m^3

R——转盘半径，m

离心雾化的工艺条件如表1－3所示。

表1－3　离心喷雾生产乳粉的工艺条件

条件	全脂乳粉	全脂加糖乳粉	条 件	全脂乳粉	全脂加糖乳粉
浓乳浓度/°Bé	13～15	14～16	转盘数量/只	1	1
乳固体含量/%	45～50	45～60	进风温度/℃	200左右	200左右
浓乳温度/℃	45～55	45～55	排风温度/℃	80左右	85左右
转盘转速/（r/min）	5000～20000	5000～20000	干燥温度/℃	90左右	90左右

（7）出粉、冷却、称量与包装

①出粉：喷雾干燥室内的乳粉要求迅速连续地卸出并及时冷却，以免受热过久。先进的制造工艺是将出粉和筛粉、输粉、储粉和称量包装等工序连接成连续化的生产线。

②冷却：喷雾干燥乳粉要求及时冷却至30℃以下。若出粉后乳粉不经过充分冷却，容易引起蛋白质热变性。全脂乳粉脂肪含量高，在高温下游离脂肪增多，在乳粉颗粒表面渗出，暴露于空气中易被氧化，产生氧化臭味。乳粉在高温状态下放置还容易吸收大气中的水分。

冷却装置——气流输粉冷却，容量为30～50kg，自然晾粉。其优点是输粉迅速，在5s左右就可将干燥室内的乳粉输出并进行冷却。但效果较差，箱体中心部位的乳粉不易冷却。

流化床出粉冷却装置——气流经过冷却和除湿后再用于冷却乳粉，可以冷却至18℃以下，而且避免了乳粉在输送管道中互相摩擦而破碎。

③称量与包装：包装称量要求精确迅速，手工称量劳动强度大、效率低、卫生条件差，逐步被自动称量所代替。包装室应对空气采取调湿降温措施，室温一般控制在20～25℃，空气相对湿度为75%为宜。

包装形式：

a. 充氮包装。称量装罐，抽真空排除乳粉及罐内的空气，然后立即充以纯度为99%以上的氮气再行密封，可使乳粉保质期达3～5年。

b. 料袋包装。采用500g塑料袋简易包装或复合薄膜袋（聚乙烯薄膜＋铝箔，聚乙烯薄膜＋铝箔＋纸）包装。

c. 大包装。产品一般供应特需用户，如出口、食品工厂等。

罐装：有12.5kg的圆罐或方罐。

袋装：聚乙烯薄膜做内袋，外面用三层牛皮纸套袋，常用的为25kg/袋。

（二）脱脂乳粉加工技术

1. 脱脂乳粉的概念

脱脂乳粉是以新鲜的脱脂乳为原料，经过杀菌、浓缩、喷雾干燥制成的粉末状制品。

2. 脱脂乳粉加工工艺流程

鲜乳验收 → 预处理 → 分离 → 脱脂乳 → 预热、杀菌 → 浓缩 → 喷雾干燥 → 晾粉、过筛 → 包装 → 入库

3. 技术要点

①牛乳的分离：预热温度为50℃左右，脱脂乳的含脂率要求控制在0.1%以下。

②杀菌：温度为80℃、时间为15s。

③真空浓缩：温度为65.5℃（如果浓缩温度超过65.5℃，则乳清蛋白变性程度超过5%）；浓度为：15～17°Bé；乳固体含量为：36%以上。

（三）速溶乳粉加工技术

1. 速溶乳粉的特点

（1）溶解性、可湿性、分散性好，即使在冷水中也能速溶。

（2）颗粒大、均匀，干粉不会飞扬，在食品工业中使用方便。

（3）速溶乳粉中所含的乳糖呈水合结晶态，在保藏期间不易吸湿结块。

2. 速溶乳粉的加工原理

（1）增大乳粉颗粒

①附聚：使分散的、较小的、不均匀的粉粒通过附聚成为疏松的大颗粒，达到速溶。

②改变喷雾条件：例如，压力喷雾大颗粒速溶乳粉生产过程中可提高浓缩乳浓度（由16°Bé提高到18.5°Bé）降低喷雾压力（由15MPa降低到8～10MPa）或增大喷嘴板眼孔径（由0.7mm提高到1.2～1.4mm）。

（2）喷涂卵磷脂

①喷涂卵磷脂的优点：全脂乳粉的脂肪含量高，乳粉颗粒或附聚团粒的外表面有许多脂肪球，颗粒表面游离脂肪增多，由于表面张力的影响在水中不易润湿和下沉，因而不容易溶解。在游离脂肪表面上涂布卵磷脂，利用卵磷脂的乳化特性，增强乳粉颗粒的亲水性，改善可湿性，提高了溶解度。

②卵磷脂用量：卵磷脂用量一般占乳粉总干物质的0.2%～0.3%。超过0.5%，乳粉具有卵磷脂的味道。

（3）加工方法

①再润湿法（二段法），适用于脱脂速溶乳粉。

②直通法（一段法），适用于全脂速溶乳粉：是在喷雾干燥塔下部连接一组直通式速溶乳粉瞬间形成机，连续地在流化床中进行附聚、干燥、冷却制成乳粉。

（四）调制乳粉加工技术

1. 调制乳粉的概念

针对不同人群的营养需要，在牛乳中加入或提取某些特殊的营养成分，经加工而制成的乳粉。

2. 婴儿配方乳粉的加工

（1）人乳与牛乳成分的区别（表1-4）

表1-4　人乳与牛乳一般成分比较

类别	人乳	牛乳
总固形物含量/g	12.00	11.65
全蛋白质含量/g	1.10	2.98
脂肪含量/g	3.30	3.32
糖分含量/g	7.40	4.38
灰分含量/g	0.20	0.71
热量/kJ	62.00	59.00
酪蛋白含量/%	43.90	78.50
白蛋白和球蛋白氮含量/%	32.70	12.50
胨氮/%	4.30	4.00
氨基氮/%	3.50	5.00
非氨基氮/%	15.60	5.00

（2）婴儿配方乳粉的调整

①蛋白质的调整：牛乳与人乳蛋白质含量和组成都有很大区别：

a. 含量。牛乳中：m（酪蛋白）：m（乳清蛋白）为5:1，而在人乳中两者之比为1.3:1。

b. 组成、性质。

酪蛋白：牛乳酪蛋白中，42%为α_s-酪蛋白，人乳酪蛋白中几乎不存在α_s-酪蛋白。两者对钙的凝集性也不相同。例如对于0.12g/100mL的$CaCl_2$溶液，牛乳酪蛋白约有70%凝集，而人乳酪蛋白只有30%凝集。牛乳酪蛋白胶粒直径为80~120nm，而人乳酪蛋白胶粒直径仅为70~80nm。

乳清蛋白：牛乳中含有α-乳球蛋白、β-乳球蛋白，而人乳中几乎不含β-乳球蛋白。

c. 蛋白质利用率。牛乳酪蛋白在胃酸的作用下，形成的凝块较为粗大，因而蛋白质利用率只有81.5%；人乳酪蛋白在胃酸的作用下，形成细小的凝块，蛋白质利用率为94.5%。也就是说，如果用牛乳喂养婴儿，需要多吃13%的蛋白质，这样就增加了代谢负担。

因此需对蛋白质加以调整；调整蛋白质的方法为添加脱盐乳清粉，使酪蛋白和乳清蛋白的比例接近人乳或添加酪蛋白的酸水解物，提高酪蛋白的消化性。

②脂肪的调整：

a. 含量。牛乳脂肪含量与人乳基本相同。

b. 组成。构成甘油酯的脂肪酸组成不同。牛乳脂肪中饱和脂肪酸和不饱和脂肪酸的比例是65∶35，亚油酸、亚麻酸等必需脂肪酸含量少，占脂肪总量的2.2%。人乳中为1∶1，必需脂肪酸含量占脂肪总量的12.8%。牛乳脂肪吸收率比人乳低20%左右。

c. 调整原则。强化亚油酸，提高脂肪消化率，强化量达脂肪总量的13%。添加不饱和脂肪酸含量高的植物油（如玉米油、大豆油等）调整脂肪酸的组成。

③糖类的调整：

a. 含量。牛乳中的乳糖含量远低于人乳。人乳中乳糖含量约为蛋白质的6.5倍。牛乳中乳糖含量仅为蛋白质的1.5倍。

b. 组成。牛乳中乳糖多为α-乳糖。母乳中乳糖多为β-乳糖。β-乳糖刺激双歧杆菌生长发育、抑制大肠杆菌生长发育。α-乳糖促进大肠杆菌生长发育。

c. 调整原则。调整乳糖和蛋白质的比例，平衡α-乳糖和β-乳糖的比例。添加可溶性多糖类，如葡萄糖、麦芽糖、糊精等。

④矿物质调整：

牛乳中矿物质含量相当于人乳的3.5倍，会增加婴儿的肾脏负担。可通过添加脱盐乳清粉加以稀释。但需要补加铁等微量元素。控制m（Ca）/m（P）=1.2~2.0、m（K）/m（Na）≈2.88。

⑤维生素的调整：婴儿乳粉应充分强化维生素，特别是叶酸和维生素C，它们对芳香族氨基酸的代谢起辅酶作用。婴儿乳粉一般添加的维生素为维生素A、维生素B_1、维生素B_6、维生素B_{12}、叶酸、维生素C、维生素D、维生素E等。维生素E的添加量以控制维生素E（mg）和多不饱和脂肪酸（g）的比例不低于0.8。

（3）婴儿乳粉加工工艺流程及各种添加物质的作用

①工艺流程（图1-6）：

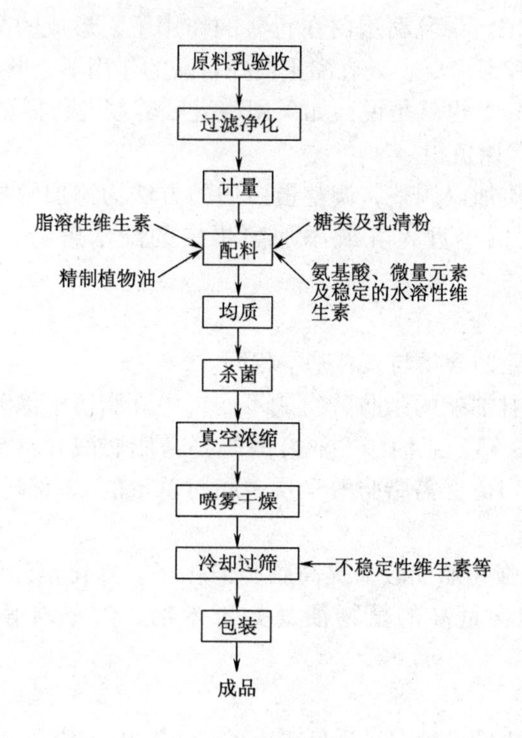

图1-6　婴儿乳粉加工工艺流程

②主要添加物质的作用：

β-胡萝卜素：β-胡萝卜素是一种抗氧化剂，也是维生素A的来源，是维护人体健康不可缺少的营养素。

锌：锌能促进生长发育与组织再生，在核酸代谢和蛋白质合成中起重要作用，也是胰岛素的成分之一。缺锌会引起生长停滞和创伤愈合不良。

牛磺酸：是一种具有多种生理活性的含硫氨基酸，是人体不可缺少的氨基酸之一。

强化免疫球蛋白：增强婴儿免疫系统，活性免疫球蛋白从优质牛初乳中提取并保持了天然活性。

强化母乳水平的核苷酸：其中特有的次黄嘌呤核苷酸，帮助铁质吸收。母乳水平核苷酸是宝宝成长所需的重要营养素，有助于增强宝宝的抗病能力，增强免疫机能；可促进肠道有益菌群的生长，改善肠道功能，减少腹泻的发生。

亚油酸和α-亚麻酸比例为10:1，与母乳相同，有助于宝宝的大脑发育和钙质吸收。

DHA（二十二碳六烯酸，Docosahexaenoic acid）和AA（花生四烯酸，Arachidonic acid）比例为2:1，符合世界卫生组织和联合国粮农组织（WHO/FAO）建议婴幼儿配方乳粉的添加量。

添加双歧杆菌因子：有助于改善肠内环境、预防腹泻、防御感染、改善便秘及免疫赋活作用。

强化铁质：维生素 C 和铁的比例为 10∶1，更促进铁的吸收。

低钠含量：减低初生宝宝的肾溶质负荷。

五、 成品评定

参照《GB 19644—2010 乳粉》的规定进行评定。

任务五 | 干酪加工

一、 背景知识

（一） 干酪的概念

干酪是指以牛乳、乳油、部分脱脂乳、酪乳或这些产品的混合物为原料，加入凝乳酶使乳蛋白质（主要是酪蛋白）凝固后，排除乳清而制成的新鲜或发酵成熟的乳制品。

（二） 干酪的营养价值

干酪中含有丰富的营养成分，等同于将原料乳中的蛋白质和脂肪浓缩了 10 倍，干酪中除了含有蛋白质和脂肪以外，还含有糖类，有机酸，常量矿物元素钙、磷、钠、钾、镁、微量矿物元素铁、锌以及脂溶性维生素 A、胡萝卜素和水溶性的维生素 B_1、维生素 B_2、维生素 B_6、维生素 B_{12}，烟酸、泛酸、叶酸、生物素等多种营养成分。其丰富的钙、磷除了有利于骨骼和牙齿的发育外，在生理代谢方面也有重要作用。干酪中的蛋白质在发酵成熟过程中，经凝乳酶、发酵剂以及其他微生物蛋白酶的作用，逐步分解形成胨、大肽、小肽、氨基酸以及其他有机或无机化合物等小分子物质。这些小分子物质很容易被人体吸收，使干酪的蛋白消化率高达96% ~98% 。干酪中还含有大量的必需氨基酸，与其他动物性蛋白相比质优而量多。可见，干酪是一种营养价值较高的食品。

（三） 干酪的分类

目前世界上干酪已达 800 多种，其分类方法随干酪质地、脂肪含量、成熟情况、外观形状等而异。一般分为三大类：天然干酪、融化干酪和干酪食品。国际酪农联盟（IDF，1972）曾提出以水分含量为标准，将干酪分为硬质、半硬质、软质三大类。

世界上著名的干酪品种：

（1）农家干酪（Cottage cheese）　以脱脂乳、浓缩脱脂乳或脱脂乳粉的还原乳为原料而制成的一种不经成熟的新鲜软质干酪。成品水分含量在 80% 以下

（通常为70%~72%）。

（2）稀奶油干酪（Cream cheese）　以稀奶油或稀奶油与牛乳混合制成，浓郁、醇厚，新鲜非成熟的软质干酪。成品中添加食盐、天然稳定剂和调味料等。一般含水量为48%~52%，脂肪含量为33%以上，蛋白质含量为10%，食盐含量为0.5%~1.2%。

（3）里科塔干酪（Ricotta cheese）　此种干酪是意大利生产的乳清干酪，也称白蛋白干酪，分为新鲜和干燥的两种。

（4）比利时干酪（Limburger cheese）　这种干酪具有特殊的芳香味，属一种细菌表面成熟的软质干酪。

（5）法国浓味干酪（Camembert cheese）　属于表面霉菌成熟的软质干酪，内部呈黄色，根据不同的成熟度，干酪呈蜡状或稀奶油状。口感细腻，咸味适中，具有浓郁的芳香风味。成品中含水量为43%~54%，食盐含量为2.6%。

（6）法国羊乳干酪（Roquefort cheese）　是以绵羊乳为原料制成的半硬质干酪，属霉菌成熟的青纹干酪。

（7）德拉佩斯特干酪（Trappist cheese）　也称修道院干酪。以新鲜全脂牛乳制造，有时也可混入少量绵羊乳或山羊乳，属于细菌成熟的半硬质干酪。还有契达干酪（Cheddar cheese）、荷兰干酪（Gouda cheese）、荷兰圆形干酪（Edam cheese）、帕尔玛干酪（Parmesan cheese）。

（四）干酪的组成

1. 水分

干酪中的水分含量与干酪的形体及组织状态关系密切，直接影响干酪的发酵速度。

2. 脂肪

干酪中脂肪含量一般占干酪总固形物的45%以上。

3. 酪蛋白

酪蛋白是干酪的主要成分。原料乳中的酪蛋白被酸或凝乳酶作用而凝固，形成干酪的组织，并包拢乳脂肪球。干酪成熟过程中，在相关微生物的作用下使酪蛋白分解，产生水溶性的含氮化合物，如肽、氨基酸等，形成干酪的风味物质。

4. 白蛋白、球蛋白

白蛋白和球蛋白不被酸或凝乳酶凝固，但在酪蛋白形成凝块时，其中一部分被机械地包含在凝块中。

5. 乳糖

乳糖大部分转移到乳清中。残存在干酪凝块中的部分乳糖可促进乳酸发酵，产生乳酸，抑制杂菌繁殖，提高添加菌的活力，促进干酪成熟。

6. 无机物

无机成分含量最多的是钙和磷。在干酪成熟过程中与蛋白质的融化现象有关。钙可以促进凝乳酶的凝乳作用。

二、 实训目的

（1）学习干酪的产品特性及加工原理。

（2）掌握干酪加工工艺及质量控制。

三、 主要原料与设备

（一）原料

原料乳，应符合《GB 19301—2010 生乳》的规定。

氯化钙、色素、凝乳酶、食盐。

（二）设备

原料乳预处理设备、原料乳杀菌设备、干酪槽、压榨器、盐渍系统。

四、 干酪加工技术

本教材以天然干酪为例。

（一）干酪发酵剂概述

1. 发酵剂的种类

细菌发酵剂以乳酸菌为主，还有乳酸链球菌、干酪乳杆菌、丁二酮链球菌、嗜酸乳杆菌、保加利亚乳杆菌以及嗜柠檬酸明串珠菌等。目的在于产酸和产生相应的风味物质。

霉菌发酵剂主要是对脂肪分解强的卡门培尔干酪青霉，以及干酪青霉和娄地青霉等。

2. 发酵剂的作用及组成

（1）干酪发酵剂的作用　可以促进凝块的形成，使凝块收缩和容易排除乳清；防止在制造过程和成熟期间杂菌的污染和繁殖；改进产品的组织状态；在干酪成熟中给酶的作用创造适宜的 pH 条件。

（2）干酪发酵剂的组成　单菌种发酵剂，只含一种菌种；混合菌种发酵剂，指由两种或两种以上的产酸和产芳香物质、形成特殊组织状态的菌种。

3. 发酵剂的制备

（1）乳酸菌发酵剂的制备方法　冷却温度和培养温度为 21 ~ 23℃，培养 12 ~ 16h（酸度达 0.75% ~0.80%）。

（2）霉菌发酵剂的配制　面包除去表皮，切成小立方体，盛于三角瓶。加适量水并进行高压灭菌处理，加少量乳酸。将霉菌悬浮于无菌水中，再喷洒于灭菌面包上。置于 21 ~25℃的恒温箱中培养 8 ~ 12d。取出，在约 30℃条件下干燥 10d；或在室温下进行真空干燥。最后研成粉末，经筛选后，盛于容器中保存。

4. 发酵剂调制的新技术

(1) 浓缩发酵剂　主要是将发酵剂接种在澄清的液体培养基中培养，发酵剂靠离心作用或采用超滤等技术将发酵剂进行浓缩处理，再经深层冻结或冷冻干燥后，即可得到浓缩发酵剂制品。

(2) 发酵剂连续制备技术　从牛乳培养基的灭菌、冷却、接种、培养、冷藏以及向干酪槽中添加等过程，均在严格的无菌条件下操作，并且采用连续式自动化处理法生产干酪发酵剂。

(二) 皱胃酶及其代用酶

(1) 皱胃酶的特性　皱胃酶的等电点为4.45~4.65；作用的最适pH为4.8左右；凝固的最适温度为40~41℃，制造干酪时的凝固温度通常为30~35℃；凝固时间为20~40min。

(2) 影响皱胃酶凝乳的因素　影响皱胃酶凝乳的因素可分为对皱胃酶的影响和对乳凝固的影响。

①pH的影响：pH低，皱胃酶活力增高，但使酪蛋白胶束的稳定性降低，导致皱胃酶的作用时间缩短，凝块较硬。

②钙离子的影响：酪蛋白所含的胶质磷酸钙是凝块形成所必需的成分。如果增加乳中的钙离子，可缩短皱胃酶的凝乳时间，并使凝块变硬。

③温度的影响：40~42℃条件下作用最快，在15℃以下或65℃以上则不发生作用。

④牛乳加热的影响：牛乳若先加热至42℃以上，再冷却到凝乳所需的正常温度后，添加皱胃酶，则凝乳时间延长，凝块变软，此为滞后现象。其主要原因是乳在42℃以上加热处理时，酪蛋白胶粒中磷酸盐和钙被游离出来所致。

(3) 皱胃酶活力的测定　皱胃酶的活力单位（Rennin unit，RU）是指皱胃酶在35℃条件下，使牛乳在40min内凝固时，单位质量（通常为1g）皱胃酶能使牛乳凝固的倍数。即1g（或1mL）皱胃酶在一定温度（35℃）、一定时间（40min）内所能凝固牛乳的体积（mL）。

一般的测定方法：将100mL脱脂乳，调整酸度为0.18%，用水浴加热至35℃，添加1%的皱胃酶食盐水溶液10mL，迅速搅拌均匀，准确记录开始加入酶液直到凝乳时所需的时间（s），此时间也称为皱胃酶的绝对强度。

计算公式：

$$\text{活力} = \frac{\text{供试乳体积（mL）}}{\text{皱胃酶用量（mL）}} \times \frac{2400\text{（s）}}{\text{凝乳时间（s）}}$$

(4) 皱胃酶的代用凝乳酶　因皱胃酶提取成本较高，国外研究了将代用酶应用于干酪的生产当中。根据来源，代用酶可分为动物性、植物性及微生物代用凝乳酶。

①动物性凝乳酶：主要是胃蛋白酶。其蛋白质分解力强，以其制作的干酪略

带苦味，不宜单独使用。猪的胃蛋白酶比牛的胃蛋白酶更接近皱胃酶，用它来制作契达干酪，其成品与皱胃酶制作的相同。

②植物性凝乳酶：

无花果蛋白分解酶：存在于无花果汁中，可结晶分离。制作契达干酪时，凝乳与成熟效果较好。但是由于它的蛋白质分解力较强，脂肪损失多，收率低，略带轻微的苦味。

木瓜蛋白分解酶：其对牛乳的凝乳作用比蛋白质分解力强。但制成的干酪带有一定的苦味。

凤梨酶：从凤梨的果实或叶中提取，具有凝乳作用。

（三）天然干酪一般加工工艺

1. 天然干酪的加工工艺流程

原料乳→[标准化]→[杀菌]→[冷却]→[添加发酵剂]→[调整酸度]→[加氯化钙]→[加色素]→[加凝乳剂]→[凝块切割]→[搅拌]→[加温]→[排出乳清]→[成型压榨]→[盐渍]→[成熟]→[上色挂蜡]→成品

2. 操作要点

（1）净乳　用离心除菌机进行净乳处理，并除去大量杂质，并将乳中 90% 的细菌除去，尤其是芽孢菌。通常不用均质，原因是均质导致结合水（水分）能力大大上升，致使很难生产硬质和半硬质类型的干酪。

（2）标准化　调整原料乳中的乳脂率和酪蛋白的比例，使其比值符合产品要求。酪蛋白与脂肪的比例 m（C）/m（F），一般要求为 0.7。

（3）原料乳的杀菌　加热杀菌使部分白蛋白凝固，留存于干酪中，可以增加干酪的产量。但如果杀菌温度过高，时间过长，则变性的蛋白质增多，破坏乳中盐类离子的平衡，进而影响皱胃酶的凝乳效果，使凝块松软，收缩作用变弱，易形成水分含量过高的干酪。在实际生产中多采用 63℃、30min 的保温杀菌（LTLT）或 71～75℃、15s 的高温短时杀菌（HTST）。

（4）添加发酵剂和预酸化

①发酵剂：将干酪槽中的牛乳冷却到 30～32℃，然后加入发酵剂。发酵剂的三个特性是最重要的：生产乳酸的能力，降解蛋白的能力，产生二氧化碳的能力。但主要任务是在凝块中产酸。

②添加发酵剂和预酸化：取原料乳量 1%～2% 的工作发酵剂，边搅拌边加入，并在 30～32℃条件下充分搅拌 3～5min。为了促进凝固和正常成熟，加入发酵剂后应进行短时间的发酵，以保证充足的乳酸菌数量，此过程称为预酸化。

（5）加入添加剂与调整酸度

①调整酸度：为使干酪成品质量一致，可用 1mol/L 的盐酸调整酸度，一般

调整酸度至0.21%左右。现多使用胭脂树橙的碳酸钠抽出液，通常每1000kg原料乳中加30~60g。为防止和抑制产气菌，可同时加入适量的硝酸盐（应精确计算）。

②添加氯化钙（$CaCl_2$）：如果生产干酪的牛乳质量差，则凝块会很软。这会引起细小颗粒（酪蛋白）及脂肪的严重损失，并且凝块收缩能力很差。可在100kg原料乳中添加5~20g的$CaCl_2$（预先配成10%的溶液），以调节盐类平衡，促进凝块的形成。

（6）添加色素　乳脂肪中的胡萝卜素使干酪呈现黄色，但其含量随季节而变化，冬季含量低。生产中通过向干酪中添加一定量的色素以调整色泽。

（7）添加CO_2　通过人工手段加入CO_2可降低牛乳的pH，通常可降低0.1~0.3个pH单位，这会导致凝乳时间缩短，这一作用在使用少量凝乳酶情况下，也能取得同样的凝乳时间。此法可节省一半的凝乳酶，且没有任何负效应。

（8）硝石　如果干酪乳中含有丁酸菌或大肠菌，就会有发酵现象。硝石（硝酸钾或钠盐）可用于抑制这些细菌，硝石的最大允许用量为每100kg乳中添加30g硝石。

（9）添加凝乳酶和凝乳的形成

①凝乳酶的添加：根据活力测定值计算凝乳酶的用量。用1%的食盐水将酶配成2%溶液，并在28~32℃保温30min。然后加入到乳中，搅拌2~3min加盖，静止。活力为1∶10000~1∶15000的液体凝乳酶的使用剂量为每100kg乳中用30mL。

②凝乳的形成：添加凝乳酶后在32℃条件下静置30min左右，即可使乳凝固，形成凝乳。

（10）凝块切割　当乳凝固后，凝块达到适当硬度时，即可开始切割。先沿着干酪槽长轴用水平式刀平行切割，再用垂直式刀沿长轴垂直切后，沿短轴垂直切，使其成为边长0.7~1.0cm的小立方体。

（11）凝块的搅拌及加温　凝块切割后开始用干酪耙或干酪搅拌器轻轻搅拌。边搅拌边升温，初始时每3~5min升高1℃，当温度升至35℃时，则每隔3min升高1℃。当温度达到38~42℃停止加热，并维持此时的温度。在整个升温过程中应不停地搅拌，以促进凝块的收缩和乳清的渗出，防止凝块沉淀和相互粘连，升温和搅拌是干酪制作工艺中的重要过程，它关系到生产的成败和成品品质的好坏。

（12）排除乳清　乳清酸度达0.17%~0.18%时，凝块收缩至原来的一半，用手捏干酪粒感觉有适度弹性即可排除全部乳清。乳清由干酪槽底部通过金属网排出。此时应将干酪粒堆积在干酪槽的两侧，促进乳清的进一步排出。

（13）堆积　乳清排除后，将干酪粒堆积在干酪槽的一端或专用的堆积槽中，上面用带孔木板或不锈钢板压5~10min，压出乳清使其成块，这一过程即为堆积。

（14）压榨成型　将堆积后的干酪块切成方砖形或小立方体，装入成型器中进行定型压榨。先进行预压榨，压力为0.2～0.3MPa，时间为20～30min。将干酪反转后装入成型器内，以0.4～0.5MPa的压力在15～20℃条件下再压榨12～24h。其目的有以下四个方面：协助最终乳清排出；提供组织状态；干酪成型；在以后的长时间成熟阶段提供干酪表面的坚硬外皮。

（15）加盐

①加盐的目的：改进干酪的风味、组织和外观；排除内部乳清或水分，增加干酪硬度；限制乳酸菌的活力，调节乳酸的生成和干酪的成熟，防止和抑制杂菌的繁殖。

②加盐的方法：

干盐法：在定型压榨前，将所需的食盐撒布在干酪粒（块）中，或者将食盐涂布于生干酪表面。

湿盐法：将压榨后的生干酪浸于盐水池中浸盐，盐水浓度在第1～2d为17%～18%，以后保持20%～23%。

混合法：是指在定型压榨后先涂布食盐，过一段时间后再浸入食盐水中的方法。

（16）干酪的成熟　将生鲜干酪置于一定温度（10～12℃）和湿度（相对湿度85%～90%）条件下，经一定时间（3～6个月），在乳酸菌等有益微生物和凝乳酶的作用下，使干酪发生一系列的物理和生物化学变化的过程，称为干酪的成熟。

①成熟的条件：

a. 成熟温度。低温比高温效果好，一般为5～15℃。

b. 相对湿度。一般细菌成熟硬质和半硬质干酪为85%～90%，而软质干酪及霉菌成熟干酪为95%。

②成熟的过程：前期成熟一般要持续15～20d，上色挂蜡，后期成熟和储藏。

干酪粗品放在成熟库中继续成熟2～6个月。成品干酪应放在5℃及相对湿度80%～90%条件下储藏。

③成熟过程中的变化：水分减少；乳糖变化；蛋白质分解；脂肪分解；产生气体；形成风味物质。

④影响成熟的因素：成熟期、温度、水分、质量、食盐、凝乳酶量。

（四）干酪的收率

干酪的收率受原料的成分和成品含水量以及加工技术等因素的影响。

加工工艺在杀菌温度、凝乳、切割和加温搅拌方法等的影响下，会使乳中部分干物质流失于乳清中，并使干酪的含水量不一致。

此外，成熟过程中，水分的蒸发和包装处理方法等也影响收率。

理论上计算收率的方法如下：

$$收率 = \frac{[(0.93\times脂肪含量)+(酪蛋白量-0.1)]\times 1.09}{1.00-成品含水量}$$

五、成品评定

参照《GB 5420—2010 干酪》的规定进行评定。

六、干酪的质量控制

（一）干酪的质量控制措施

（1）确保清洁的生产环境，防止外界因素造成污染。

（2）对原料乳要严格进行检查验收，以保证原料乳的各种成分组成、微生物指标符合生产要求。

（3）严格按生产工艺要求进行操作，加强对各工艺指标的控制和管理。保证产品的成分组成、外观和组织状态，防止产生不良的组织和风味。

（4）干酪生产所用的设备、器具等应及时进行清洗和消毒，防止微生物和噬菌体等的污染。

（5）干酪的包装和储藏应安全、卫生、方便，储藏条件应符合规定指标。

（二）干酪的缺陷及其防止方法

1. 物理性缺陷及其防止方法

（1）质地干燥　较高温度下“热烫”引起。

（2）组织疏松　凝乳中存在裂隙。

（3）多脂性　脂肪过量存在于凝乳块表面。

（4）斑纹　操作不当引起。

2. 微生物性缺陷及其防止方法

（1）酸度过高　预发酵速度过快。

（2）干酪液化　液化酪蛋白的微生物引起。

（3）发酵产气 微生物引起干酪产生大量气体。

（4）苦味生成 酵母或非发酵剂菌都可引起。

（5）恶臭 厌气性芽孢杆菌会分解蛋白质生成硫化氢、硫醇、亚胺等。

（6）酸败微生物分解乳糖或脂肪等生成丁酸。

七、融化干酪的加工工艺与质量控制

（一）融化干酪的特点

融化干酪的特点如下：

（1）可以将各种不同组织和不同成熟程度的干酪，制成质量一致的产品。

（2）由于在加工过程中进行加热杀菌，食用安全、卫生，并且具有良好的保存特性。

（3）产品采用良好的材料密封包装，储藏中重量损失少。

（4）集各种干酪为一体，组织和风味独特。

（5）大小、重量、包装能随意选择，并可以添加各种风味物质和营养强化成分，较好地满足消费者的需求和嗜好。

（二）融化干酪的加工工艺

（1）工艺流程

原料选择→原料预处理→切割→粉碎→加水→加乳化剂→加色素→加热融化→浇灌包装→静置冷却→成熟→出厂

（2）技术要点

①原料干酪的选择：选择细菌成熟的硬质干酪，如荷兰干酪、契达干酪和荷兰圆形干酪等。

②原料干酪的预处理：要与正式生产车间分开；预处理包括除掉干酪的包装材料，削去表皮，清拭表面等。

③切碎与粉碎：将原料干酪切成块状，用混合机混合。然后用粉碎机粉碎成4～5cm的面条状，最后用磨碎机处理。

④熔融、乳化：进行乳化操作时，应加快釜内的搅拌器的转数，使乳化更完全；在此过程中应保证杀菌的温度。一般为60～70℃、20～30min或80～120℃、30s。乳化终了时，应检测水分、pH、风味等，然后抽真空进行脱气。

⑤充填、包装：乳化后应趁热进行充填包装。必须选择与乳化机能力相适应的包装机。包装材料多使用玻璃纸或涂塑性蜡玻璃纸、铝箔、偏氯乙烯薄膜等。

（3）融化干酪的质量　融化干酪的化学组成如表1－5所示。

表1－5　融化干酪的化学组成

种类	水分含量/%	蛋白质含量/%	脂肪含量/%	灰分含量/%	NaCl含量/%	酸度/%	pH	水溶性N/总N/%	氨态N/总N/%
A	41.07	21.23	31.63	6.07	1.04	1.16	5.85	44.67	15.04
B	42.66	24.22	28.19	4.93	0.94	0.93	6.60	42.88	12.45
C	41.04	21.65	31.60	5.71	1.74	1.63	6.10	47.01	15.47

（4）融化干酪的产品缺陷及其预防

①过硬或过软：

a. 过硬。可能由原料干酪成熟度低，酪蛋白的分解量少，补加水分少和pH过低造成，以及脂肪含量不足，溶融乳化不完全，乳化剂的配比不当等。

b. 过软。由于原料干酪的成熟度、加水量、pH 及脂肪含量过度而造成。

预防：配料时以原料干酪的平均成熟度在 4 ~ 5 个月为好，成品含水量在 40% ~45%。使用乳化剂，调整 pH 为 5.6 ~ 6.0。

②脂肪分离：干酪表面有明显的油珠渗出，这与乳化时处理温度和时间有关。原料干酪成熟过度，脂肪含量高，或者是水分不足、pH 低时脂肪也容易分离。

预防：可在加工过程中提高乳化温度和时间，添加低成熟度的干酪，增加水分和 pH 等。

③砂状结晶：98% 是以磷酸三钙为主的混合磷酸盐。

原因：添加粉末乳化剂时分布不均匀，乳化时间短等；或当原料干酪的成熟度过高或蛋白质分解过度时，易产生难溶的氨基酸结晶。

预防：乳化剂全部溶解后再使用、乳化时间要充分、乳化时搅拌要均匀、追加成熟度低的干酪等。

④膨胀和产生气孔：刚加工之后产生气孔，是因为乳化不足引起；储藏中产生的气孔及膨胀，可能是污染了酪酸菌等产气菌。

预防：应尽可能使用高质量干酪作为原料，提高乳化温度，注意灭菌手段。

⑤异味：主要原因是原料干酪质量差，加工工艺控制不严，储藏措施不当。

预防：在加工过程中，要保证不使用质量差的原料干酪，正确掌握工艺操作，成品在冷藏条件下储藏。

八、 干酪制品的开发

干酪制品的开发通常包括以下几种：

（1）干酪食品。

（2）功能性干酪制品。

（3）其他　强化钙、微量元素、维生素等及降低脂肪和盐含量的干酪制品；采用新型的包装设备和包装材料的干酪制品，注重制品的美观、方便和安全卫生；各种新型的干酪制品，如干酪三明治、干酪香肠、干酪蛋糕、干酪汉堡包、干酪糖果等；作为料理和佐餐的原料素等。

任务六 | 冰淇淋加工

一、 背景知识

（一）冰淇淋的概念

冰淇淋是以饮用水、牛乳、乳粉、乳油（或植物油脂）、食糖等为主要原料，加入适量食品添加剂，经混合、灭菌、均质、老化、凝冻、硬化等工艺而制成的体积膨胀的冷冻产品。

（二）冰淇淋的种类

1. 按脂肪含量分类

可分为甲、乙、丙、丁四种：其中甲种冰淇淋含脂率在14% ~16%，总固形物在37% ~41%；乙种冰淇淋含脂率在10% ~12%，总固形物在35% ~39%；丙种冰淇淋含脂率在8%左右，总固形物在34% ~37%；丁种冰淇淋含脂率在3%左右，总固形物在32% ~33%。

2. 按原料和辅料分类

可分为香料冰淇淋、水果冰淇淋、果仁冰淇淋、布丁冰淇淋、紫雪糕等。

又可分为完全用乳与乳制品制作的冰淇淋（牛乳冰淇淋）、含有植物油的冰淇淋及冰棍（含脂率及干物质较低）等。

（三）冰淇淋的营养

冰淇淋为极富营养价值的冷饮品，含有较高的脂肪和无脂固形物，且色香味俱佳，易于消化吸收。按其组成可分为高级奶油冰淇淋、奶油冰淇淋、牛乳冰淇淋、果味冰淇淋；按形状可分为散装、蛋卷、杯状、夹层、软质冰淇淋。

二、实训目的

（1）学习冰淇淋的产品特性。

（2）掌握冰淇淋的加工方法。

三、主要原料与设备

（一）原料

1. 水

水是乳品冷饮生产中不可缺少的一种重要原料。对于冰淇淋来说，其水分主要来源于各种原料，如鲜牛乳、植物乳、炼乳、稀奶油、果汁、鸡蛋等，还需要添加大量的饮用水。

2. 脂肪

脂肪对冰淇淋、雪糕有很重要的作用，具体表现：

（1）为乳品冷饮提供丰富的营养及热能。

（2）影响冰淇淋、雪糕的组织结构　由于脂肪在凝冻时形成网状结构，赋予冰淇淋、雪糕特有的细腻润滑的组织和良好的质构。

（3）乳品冷饮风味的主要来源　由于油脂中含有许多风味物质，通过与乳品冷饮中蛋白质及其他原料作用，赋予乳品冷饮独特的芳香风味。

（4）增加冰淇淋、雪糕的抗融性　在冰淇淋、雪糕成分中，水所占比例相当大，它的许多物理性质对冰淇淋、雪糕质量影响也大，一般油脂熔点在24 ~

50℃，而冰的熔点为0℃，因此适当添加油脂，可以增加冰淇淋、雪糕的抗融性，延长冰淇淋、雪糕的货架寿命。冰淇淋中油脂含量在6% ~12%最为适宜，雪糕中含量在2%以上。如使用量低于此范围，不仅影响冰淇淋的风味，而且会使冰淇淋的发泡性降低。如高于此范围，则会使冰淇淋、雪糕成品形体变得过软。乳脂肪的来源有稀奶油、奶油、鲜乳、炼乳、全脂乳粉等，但由于乳脂肪价格昂贵，目前普遍使用植物脂肪来取代乳脂肪，主要有起酥油、人造奶油、棕榈油、椰子油等，其熔点性质类似于乳脂肪，在28 ~32℃。

3. 非脂乳固体

非脂乳固体是牛乳总固形物除去脂肪所剩余的蛋白质、乳糖及矿物质的总称。其中蛋白质具有水合作用，在均质过程中与乳化剂一同在生成的小脂肪球表面形成稳定的薄膜，确保油脂在水中的乳化稳定性，同时在凝冻过程中促使空气很好地混入，并能防止乳品冷饮制品中冰结晶的扩大，使质地润滑。

乳糖的柔和甜味及矿物质的隐约咸味，将赋予制品显著的风味特征。

限制非脂乳固体使用量的主要原因在于，防止其中的乳糖呈过饱和而渐渐结晶析出砂状沉淀，一般推荐其最大用量不超过制品中水分的16.7%。

非脂乳固体可以由鲜牛乳、脱脂乳、乳酪、炼乳、乳粉、酸乳、乳清粉等提供，冷饮食品中的非脂肪乳固体，以鲜牛乳及炼乳为最佳。

若全部采用乳粉或其他乳制品配制，由于其蛋白质的稳定性较差，会影响组织的细致性与冰淇淋、雪糕的膨胀率，易导致产品收缩，特别是溶解度不良的乳粉，则更易降低产品质量。

4. 甜味料

甜味料具有提高甜味、充当固形物、降低冰点、防止冰的再结晶等作用，对产品的色泽、香气、滋味、形态、质构和保藏起着极其重要的影响。

蔗糖为最常用的甜味剂，一般用量为15%左右。过少会使制品甜味不足；过多则缺乏清凉爽口的感觉，并使料液冰点降低（一般增加2%的蔗糖，其冰点相对降低0.22℃），凝冻时膨胀率不易提高，易收缩，成品容易融化。蔗糖还能影响料液的黏度，控制冰晶的增大。

较低葡萄糖值（DE值）的淀粉糖浆能使乳品冷饮玻璃化转变温度提高，降低制品中冰晶的生长速率。

鉴于淀粉糖浆的抗结晶作用，乳品冷饮生产厂家常以淀粉糖浆部分代替蔗糖，一般以代替蔗糖的1/4为好，蔗糖与淀粉糖两者并用时，制品的组织、储运性能更佳。

随着现代人们对低糖、无糖乳品冷饮的需求以及改进风味、增加品种或降低成本的需要，除常用的甜味剂白砂糖、淀粉糖浆外，很多甜味剂如蜂蜜、转化糖浆、阿斯巴甜、阿力甜、安赛蜜、甜蜜素、甜叶菊糖、罗汉果甜苷、山梨糖醇、麦芽糖醇、葡聚糖（PD）等普遍被配合使用。

5. 乳化剂

乳化剂是一种分子中具有亲水基和亲油基，并易在水与油的界面形成吸附层的表面活性剂，可使一相很好地分散于另一相中而形成稳定的乳化液。

乳品冷饮混合料中加入乳化剂除了有乳化作用外，还有其他作用：①使脂肪呈微细乳浊状态，并使之稳定化；②分散脂肪球以外的粒子并使之稳定化；③增加室温下产品的耐热性，也就是增强了其抗融性和抗收缩性；④防止或控制粗大冰晶形成，使产品组织细腻。

乳品冷饮中常用的乳化剂有甘油一酸酯（单甘酯）、蔗糖脂肪酸酯（蔗糖酯）、聚山梨酸酯、山梨醇酐脂肪酸酯、丙二醇脂肪酸酯、卵磷酯、大豆磷酯、三聚甘油硬脂酸单甘酯等。

乳化剂的添加量与混合料中脂肪含量有关，一般随脂肪量增加而增加，其范围在0.1%～0.5%，复合乳化剂的性能优于单一乳化剂。

鲜鸡蛋与蛋制品，由于其含有大量的卵磷脂，具有永久性乳化能力，因而也能起到乳化剂的作用。

6. 稳定剂

稳定剂又称安定剂，具有亲水性，因此能提高料液的黏度及乳品冷饮的膨胀率，防止大冰结晶的产生，减少粗糙的感觉；对乳品冷饮产品融化作用的抵抗力也强，使制品不易融化和再结晶，在生产中能起到改善组织状态的作用。

稳定剂的种类很多，较为常用的有明胶、琼脂、果胶、羧甲基纤维素（CMC）、瓜尔豆胶、黄原胶、卡拉胶、海藻胶、藻酸丙二醇酯、魔芋胶、变性淀粉等。稳定剂的添加量是依原料的成分组成而变化，尤其是依总固形物含量而异，一般在0.1%～0.5%。

7. 香味剂

香味剂能赋予乳品冷饮产品以醇和的香味，增进其食用价值。按其风味种类分为：果蔬类、干果类、乳香类；按其溶解性分为：水溶性和脂溶性。

香精可以单独使用或搭配使用。香气类型接近的较易搭配，反之较难。如水果与乳类、干果与乳类易搭配；而干果类与水果类之间则较难搭配。一般在冷饮中用量为0.075%～0.100%。除了用上述香精调香外，也可直接加入果仁、鲜水果、鲜果汁、果冻等，进行调香调味。

8. 着色剂

协调的色泽能改善乳品冷饮的感官品质，大大增进人们的食欲。乳品冷饮调色时，应选择与产品名称相适应的着色剂，在选择使用色素时，应首先考虑符合添加剂卫生标准。调色时以淡薄为佳，常用的着色剂有红曲色素、姜黄色素、叶绿素铜钠盐、焦糖色素、红花黄、β－胡萝卜素、辣椒红、胭脂红、柠檬黄、日落黄、亮蓝等。

（二）设备

配料罐、均质机、杀菌机、成型机、包装机。

四、 冰淇淋加工技术

（一）冰淇淋加工工艺

原料配合 → 杀菌 → 均质 → 成熟 → 凝冻 →
- 灌装 → 软质冰淇淋
- 包装 → 硬化 → 冷藏 → 硬质冰淇淋
- 硬化 → 涂巧克力 → 包装 → 冷藏 → 紫雪糕

冰淇淋种类繁多，配方各异。一些配方见表 1－6。

表 1－6　　冰淇淋配方　　单位：kg/t

原料名称	奶油型	酸乳型	花生型	双歧杆菌型	螺旋藻型	茶汁型
砂糖	120	160	195	150	140	150
葡萄糖浆	100	—	—	—	—	—
鲜牛乳	530	380	—	400	—	—
脱脂乳	—	200	—	—	—	—
全脂乳粉	20	—	35	80	125	100
花生仁*	—	—	80	—	—	—
奶油	60	—	—	—	—	—
稀奶油	—	20	—	110	—	—
人造奶油	—	—	—	—	60	191
棕榈油	—	50	40	—	—	—
蛋黄粉	5.5	—	—	—	—	—
鸡蛋	—	—	—	75	30	—
全蛋粉	—	15	—	—	—	—
淀粉	—	—	34	—	—	—
麦芽糊精	—	—	6.5	—	—	—
复合乳化稳定剂	4	—	—	—	—	—
明胶	—	—	—	2.5	—	3
CMC	—	3	—	—	—	2
聚谷氨酸（PGA）	—	1	—	—	—	—
单甘酯	—	—	1.5	—	—	2
蔗糖酯	—	—	1.5	—	—	—
海藻酸钠	—	—	2.5	1.5	—	2

续表

原料名称	奶油型	酸乳型	花生型	双歧杆菌型	螺旋藻型	茶汁型
黄原胶	—	—	—	—	5	—
香草香精	0.5	1	—	1	0.2	—
花生香精	—	—	0.2	—	—	—
水	160	130	604	130	630	450
发酵酸乳	—	40	—	40	—	—
双歧杆菌酸乳	—	—	—	10	—	—
螺旋藻干粉	—	—	—	—	10	—
绿茶汁（1:5）	—	—	—	—	—	100

* 花生仁需经烘焙、胶磨制成花生乳，杀菌后待用。

（二）冰淇淋加工技术要点

1. 混合料的配制

将冰淇淋的各种原料以适当的比例加以混合，即称为冰淇淋混合料，简称为混合料。混合料的配制包括标准化和混合两个步骤。

（1）混合料的标准　冰淇淋原料虽然有不同的原料选择，但标准的冰淇淋组成大致可见表1-7。

表1-7　冰淇淋的标准组成

名称	脂肪	砂糖	稳定剂	无脂乳固体	总固形物
含量/%	8~14	13~15	0.2~0.5	8~12	32~38

（2）混合料配合比例计算　按照冰淇淋标准和质量的要求，选择冰淇淋原料，而后依据原料成分计算各种原料的需要量。

例：现有无盐奶油（脂肪83%）、脱脂乳粉（物质干物质95%）、蔗糖、明胶及水为原料，配制含脂肪8%、无脂干物质11.0%、蔗糖15.0%、明胶0.5%的冰淇淋混合料100kg，计算其配制比例。经计算得到组成混合料的原料为：

蔗糖15kg，明胶0.5kg，奶油100×0.08÷0.83=9.6（kg），脱脂乳粉100×0.01÷0.95=11.6（kg），水100-（15+0.5+9.6+11.6）=63.3（kg）。

（3）原辅料质量好坏直接影响冰淇淋质量，所以各种原辅料必须严格按照质量要求进行检验，不合格者不许使用。按照规定的产品配方，核对各种原材料的数量后，即可进行配料。

配料时要求：

①原料混合的顺序宜从浓度低的液体原料（如牛乳等）开始，其次为炼乳、稀奶油等液体原料，再次为砂糖、乳粉、乳化剂、稳定剂等固体原料，最后以水

作容量调整。

②混合溶解时的温度通常为40～50℃。

③鲜乳要经100目筛进行过滤、除去杂质后再泵入缸内。

④乳粉在配制前应先加温水溶解，并经过过滤和均质再与其他原料混合。

⑤砂糖应先加入适量的水，加热溶解成糖浆，经160目筛过滤后泵入缸内。

⑥人造黄油、硬化油等使用前应加热融化或切成小块后加入。

⑦冰淇淋复合乳化剂、稳定剂与其5倍以上的砂糖拌匀后，在不断搅拌的情况下加入到混合缸中，使其充分溶解和分散。

⑧鸡蛋应与水或牛乳以1∶4（质量比）的比例混合后加入，以免蛋白质变性凝成絮状。

⑨明胶、琼脂等先用水泡软，加热使其溶解后加入。

⑩淀粉原料使用前要加入其质量的8～10倍的水并不断搅拌制成淀粉浆，通过100目筛过滤，在搅拌的前提下徐徐加入配料缸内，加热糊化后使用。

2. 混合料的杀菌

通过杀菌可以杀灭料液中的一切病原菌和绝大部分的非病原菌，以保证产品的安全性和卫生指标，延长冰淇淋的保质期。

杀菌温度和时间的确定，主要看杀菌的效果，过高的温度与过长的时间不但浪费能源，还会使料液中的蛋白质凝固、产生蒸煮味和焦味、维生素受到破坏而影响产品的风味及营养价值。通常间歇式杀菌的杀菌温度和时间为75～77℃、20～30min，连续式杀菌的杀菌温度和时间为83～85℃、15s。

3. 混合料的均质

（1）均质的目的

①冰淇淋的混合料本质上是一种乳浊液，里面含有大量粒径为4～8μm的脂肪球，这些脂肪粒与其他成分的密度相差较大，易于上浮，对冰淇淋的质量十分不利，故必须加以均质使混合原料中的乳脂肪球变小。由于细小的脂肪球互相吸引使混合料的黏度增加，能防止凝冻时乳脂肪被搅成奶油粒，以保证冰淇淋产品组织细腻。

②通过均质作用，强化酪蛋白胶粒与钙及磷的结合，使混合料的水合作用增强。

③适宜的均质条件是改善混合料起泡性，获得良好组织状态及理想膨胀率冰淇淋的重要因素。

④均质后制得的冰淇淋，组织细腻，形体润滑松软，具有良好的稳定性和持久性。

（2）均质的条件

①均质压力的选择：压力的选择应适当。压力过低时，脂肪粒没有被充分粉碎，乳化不良，影响冰淇淋的形体；而压力过高时，脂肪粒过于微小，使混合料

黏度过高，凝冻时空气难以混入，给膨胀率带来影响。合适的压力，可以使冰淇淋组织细腻、形体松软润滑，一般说来选择压力为14.7～17.6MPa。

②均质温度的选择：均质温度对冰淇淋的质量也有较大的影响。当均质温度低于52℃时，均质后混合料黏度高，对凝冻不利，形体不良；而均质温度高于70℃时，凝冻时膨胀率过大，也有损于形体。一般较合适的均质温度是65～70℃。

4. 混合料的冷却与老化

①冷却：冷却是使物料降低温度的过程。均质后的混合料温度在60℃以上。在这么高的温度下，混合料中的脂肪粒容易分离，需要将其迅速冷却至0～5℃后输入到老化缸（冷热缸）进行老化。

②老化：操作的参数主要为温度和时间。随着温度的降低，老化的时间也将缩短。如在2～4℃时，老化时间需4h；而在0～1℃时，只需2h。若温度过高，如高于6℃，则时间再长也难有良好的效果。混合料的组成成分与老化时间有一定关系，干物质越多，黏度越高，老化时间越短。一般说来，老化温度控制在2～4℃，时间为6～12h为佳。

为提高老化效率，也可将老化分两步进行。首先，将混合料冷却至15～18℃，保温2～3h，此时混合料中的稳定剂得以充分与水化合，提高水化程度；然后，将其冷却到2～4℃，保温3～4h，这可大大提高老化速度，缩短老化时间。

5. 冰淇淋的凝冻

（1）凝冻的作用　冰淇淋的组织状态是固相、气相、液相的复杂结构，在液相中有直径为150μm左右的气泡和大约50μm大小的冰晶，此外还分散有2μm以下的脂肪球、乳糖结晶、蛋白颗粒和不溶性的盐类等。由于稳定剂和乳化剂的存在，使分散状态均匀细腻，并具有一定形状。在冰淇淋生产中，凝冻过程是将混合料置于低温下，在强制搅拌下进行冰冻，使空气以极微小的气泡状态均匀分布于混合料中，使物料形成细微气泡密布、体积膨胀、凝结体组织疏松的过程。将混合料在强制搅拌下进行冷冻，使空气更易于呈极微小的气泡均匀地分布于混合料中。混合料容积增加，以百分数表示（膨胀率）。冰淇淋膨胀率一般为80%～100%。

（2）凝冻的目的

①使混合料更加均匀：由于经均质后的混合料，还需添加香精、色素等，在凝冻时由于搅拌器的不断搅拌，使混合料中各组分进一步混合均匀。

②使冰淇淋组织更加细腻：凝冻是在－6～－2℃的低温下进行的，此时料液中的水分会结冰，但由于搅拌作用，水分只能形成4～10μm的均匀小结晶，而使冰淇淋的组织细腻、形体优良、口感滑润。

③使冰淇淋得到合适的膨胀率：在凝冻时，由于不断搅拌及空气的逐渐混入，使冰淇淋体积膨胀而获得优良的组织和形体，使产品更加适口、柔润和

松软。

④冰淇淋稳定性提高：由于凝冻后，空气气泡均匀分布于冰淇淋组织之中，能阻止热传导的作用，可使产品抗融化作用增强。

⑤可加速硬化成型进程：由于搅拌凝冻是在低温下操作，因而能使冰淇淋料液冻结成为具有一定硬度的凝结体，即凝冻状态，经包装后可较快硬化成形。

（3）凝冻的过程

冰淇淋料液的凝冻过程大体分为以下三个阶段：

①液态阶段：料液经过凝冻机凝冻搅拌一段时间（2～3min）后，料液的温度从进料温度（4℃）降低到2℃。由于此时料液温度尚高，未达到使空气混入的条件，故称这个阶段为液态阶段。

②半固态阶段：继续将料液凝冻搅拌2～3min，此时料液的温度降至-2～-1℃，料液的黏度也显著提高。由于料液的黏度提高，空气得以大量混入，料液开始变得浓厚而体积膨胀，这个阶段为半固态阶段。

③固态阶段：此阶段为料液即将形成软冰淇淋的最后阶段。经过半固态阶段以后，继续凝冻搅拌料液3～4min，此时料液的温度已降低到-6～-4℃，在温度降低的同时，空气继续混入，并不断被料液层层包围，这时冰淇淋料液内的空气含量已接近饱和。整个料液的体积不断膨胀，料液最终成为浓厚、体积膨大的固态物质，此阶段即是固态阶段。

（4）凝冻设备与操作　凝冻机是混合料制成冰淇淋成品的关键设备，凝冻机按生产方式分为间歇式和连续式两种。冰淇淋凝冻机工作原理及操作如下：

①间歇式凝冻机：间歇式氨液凝冻机的基本组成部分有机座、带含夹套的外包隔热层的圆形凝冻筒、装有刮刀的搅拌器、传动装置以及混合原料的储槽等。

工作原理：开启凝冻机的氨阀（盐水阀）后，氨不断进入凝冻桶的夹套中进行循环，凝冻筒夹套内氨液的蒸发使凝冻圆筒内壁起霜，筒内混合原料由于搅拌器外轴支架上的两把刮刀与搅拌器中轴Y型搅拌器的相向反复搅刮作用，在被冻结时不断混入大量均匀分布的空气泡，同时料液从2～4℃冷冻至-6～-3℃，而形成膨松的冰淇淋。

②连续式凝冻机：连续式凝冻机（RPL-300型）的结构主要由立式搅刮器、空气混合泵、料箱、制冷系统、电器控制系统等部分组成。

工作原理：制冷系统将液体制冷剂输入凝冻筒的夹套内，冰淇淋料浆经由空气混合泵混入空气后进入凝冻筒。

动力则由电动机经皮带降速后，通过联轴器带动刮刀轴套旋转，刮刀轴上的刮刀在离心力的作用下，紧贴凝冻筒的内壁作回转运动，将进料口输入的料浆经冷冻冻结在筒体内壁上形成的冰淇淋就连续被刮削下来。

同时新的料液又附在内壁上被凝结，随即又被刮削下来，周而复始、循环工作，刮削下来的冰淇淋半成品，经刮刀轴套上的许多圆孔进入轴套内，在偏心轴的作用下，使冰淇淋搅拌混合，质地均匀细腻。经搅拌混合的冰淇淋便在压力差的作用下，不断被挤向上端。并克服膨胀阀弹簧的压力，打开膨胀阀阀门，送出冰淇淋成品（进入灌装头）。冰淇淋经膨胀阀后减压，其体积膨胀、质地疏松。

（5）冰淇淋的膨胀率　冰淇淋的膨胀率指冰淇淋混合原料在凝冻时，由于均匀混入许多细小的气泡，使制品体积增加的百分率。

冰淇淋的膨胀率可用浮力法测定，即用冰淇淋膨胀率测定仪测量冰淇淋试样的体积，同时称取该冰淇淋试样的质量并用密度计测定冰淇淋混合原料（融化后冰淇淋）的密度，以体积百分率计算膨胀率。

$$X/\% = \frac{V_1 - V_2}{V_2} \times 100 = \left(\frac{V_1}{m/\rho} - 1\right) \times 100$$

式中　V_1——冰淇淋试样的体积，cm^3

V_2——冰淇淋试样的混合原料体积，cm^3

m——冰淇淋试样的混合原料质量，g

ρ——冰淇淋试样的混合原料密度，g/cm^3

冰淇淋膨胀率并非越大越好，膨胀率过高，组织松软，缺乏持久性；过低则组织坚实，口感不良。各种冰淇淋都有相应的膨胀率要求，控制不当会降低冰淇淋的品质。影响冰淇淋膨胀率的因素主要有两个方面。

①原料方面：

乳脂肪含量越高，混合料的黏度越大，有利于膨胀，但乳脂肪含量过高时，效果反之。一般乳脂肪含量以6%～12%为好，此时膨胀率最好。

非脂肪乳固体。非脂肪乳固体含量高，能提高膨胀率，一般为10%。

含糖量高，冰点降低，会降低膨胀率，一般以13%～15%为宜。

适量的稳定剂，能提高膨胀率；但用量过多则黏度过高，空气不易进入而降低膨胀率，一般不宜超过0.5%。

无机盐对膨胀率有影响。如钠盐能增加膨胀率，而钙盐则会降低膨胀率。

②操作方面：

均质适度，能提高混合料黏度，空气易于进入，使膨胀率提高；但均质过度则黏度高、空气难以进入，膨胀率反而下降。

在混合料不冻结的情况下，老化温度越低，膨胀率越高。

采用瞬间高温杀菌比低温巴氏杀菌法混合料变性少，膨胀率高。

空气吸入量合适能得到较佳的膨胀率，应注意控制。

若凝冻压力过高则空气难以混入，膨胀率下降。

6. 成型灌装、硬化、储藏

（1）成型灌装　凝冻后的冰淇淋必须立即成型灌装（和硬化），以满足储藏和销售的需要。冰淇淋的成型有冰砖、纸杯、蛋筒、浇模成型、巧克力涂层冰淇淋、异形冰淇淋切割线等多种成型灌装机。

（2）硬化　将经成型灌装机灌装和包装后的冰淇淋迅速置于－25℃以下的温度，经过一定时间的速冻，温度保持在－18℃以下，使其组织状态固定、硬度增加的过程称为硬化。

硬化的目的是固定冰淇淋的组织状态、完成形成细微冰晶的过程，使其组织保持适当的硬度以保证冰淇淋的质量，便于销售与储藏运输。速冻硬化可用速冻库（－25～－23℃）、速冻隧道（－40～－35℃）或盐水硬化设备（－27～－25℃）等。一般硬化时间为：速冻库10～12h、速冻隧道30～50min、盐水硬化设备20～30min。影响硬化的条件有包装容器的形状与大小、速冻室的温度与空气的循环状态、室内制品的位置以及冰淇淋的组成成分和膨胀率等因素。

（3）储藏　硬化后的冰淇淋产品，在销售前应将制品保存在低温冷藏库中。冷藏库的温度为－20℃，相对湿度为85%～90%，储藏库温度不可忽高忽低，储存温度及储存中温度变化往往导致冰淇淋中冰的再结晶。使冰淇淋质地粗糙，影响冰淇淋品质。

五、冰淇淋的主要缺陷与产生原因

1. 冰淇淋产品的主要缺陷

由于原料配合不当，均质、冻结、储藏等处理不合理，使得冰淇淋质量低劣，引起缺陷与原因见表1－8。

表1－8　冰淇淋质量缺陷及原因

种类	缺陷	原因
风味	脂肪分解味、饲料味、加热味、牛舍味、金属味、苦味、酸味、甜味与香料味缺陷	使用的原料乳、乳制品质量差，杀菌不完全、吸收异味，添加的甜味与香料不当
组织状态	沙状组织	无脂乳干物质过高，储藏温度高，乳糖结晶大
	轻或彭松组织	膨胀率过大
	粗或冰状组织	缓慢冻结、储藏温度波动大，固形物低
	奶油状组织	生成脂肪块、不合适、均质不良
质地	脆弱	稳定剂、乳化剂不足，气泡粗大，膨胀率高
	水样	膨胀率低，砂糖高，稳定剂。乳化剂不当
	软弱	固形物不足，稳定剂过量
融化状态	气泡，乳清分离，凝固，黏质状	原料配合不当，蛋白质与矿物质不均衡，酸度高，均质不完全，膨胀率调整不当

2. 冰淇淋的质量控制

（1）风味　风味较复杂，要获得风味良好的冰淇淋，最重要的是使用优质的原材料。

（2）组织状态 冰淇淋的微细结构是由固相、液相、气相构成的。即直径约150μm的气泡和气泡间所含直径约为50μm的冰结晶分散于液相中。直径2μm以下的脂肪球、乳糖结晶、蛋白粒子、不溶性盐类等，也以固体形式分布于液相中。稳定剂的存在使分散状态更均匀、细腻，从而制品更具有良好的适口性、保形性和融解性。

（3）主要影响因素 混合原料的组成及生产工艺条件，如配合不当、均质压力不当、凝冻缓慢等。

（4）形体 提高总固形物的含量和稳定剂的用量，或降低制品的膨胀率有利于提高冰淇淋的保形性。

（5）收缩

①膨胀率过高，冰淇淋内部气泡尤其是接近表面的气泡很容易逸出，使体积收缩变小。

②蛋白质稳定性差，使冰淇淋组织缺乏弹性，易排泄出水分引起收缩现象。

③糖含量，特别是淀粉糖含量过高，冻结点降低，使冰淇淋的凝冻时间延长，从而使冰淇淋的微细结构遭到破坏，形成大量的细小的气泡。气泡越小，压力越大，更易逸出使体积收缩。

六、成品评定

参照《SB/T 10012—2008 冰淇淋膨胀率的测定》的规定进行评定。

任务七 | 炼乳加工

一、背景知识

鲜乳经真空浓缩除去大部分水分后制成的产品称为炼乳。炼乳的种类很多，按照成品是否加糖可分为甜炼乳和淡炼乳；按照成品是否脱脂，又可分为全脂炼乳、脱脂炼乳和半脱脂炼乳，此外还有各种各样的花色炼乳和强化炼乳。目前我国主要生产甜炼乳和淡炼乳。甜炼乳是指在原料乳中加入17%左右的蔗糖，经杀菌、浓缩至原体积40%左右而成的一种乳制品。成品蔗糖的含量为40%～50%。由于甜炼乳中含有多量的蔗糖，不适合作为主食喂养婴儿，可作冲调饮用，涂抹糕饼及其他食品的加工原料。我国以前主要生产全脂甜炼乳和淡炼乳。近年来，随着我国乳业的发展，炼乳已退出乳制品的大众消费市场。但是，为了满足不同消费者对鲜乳的浓度、风味以及营养等方面的特殊要求，采用适当的浓缩技术将鲜乳适度浓缩（闪蒸）而生产的“浓缩乳”仍将有一定的市场。

二、实训目的

（1）熟知甜炼乳及淡炼乳的生产过程，以及两种产品加工方法的不同点。

（2）掌握甜炼乳与淡炼乳的质量控制和常见的质量缺陷。

三、主要原料与设备

（一）原料

原料乳应符合《GB 19301—2010 生乳》的规定。

（二）设备

原料乳预处理设备、杀菌设备、真空浓缩设备、灌装设备。

四、炼乳加工技术

（一）炼乳加工工艺流程

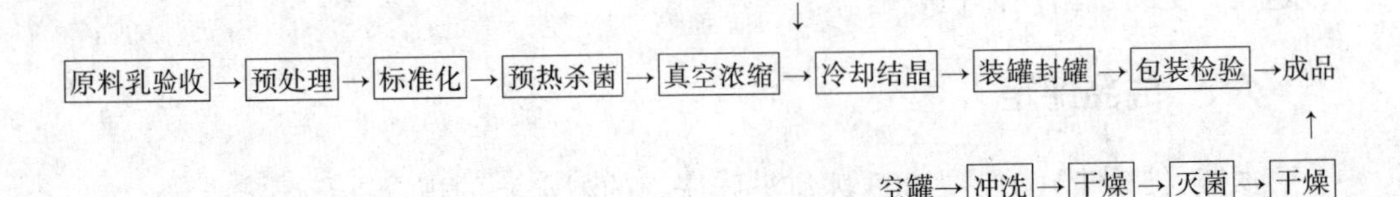

（二）炼乳加工技术要点

1. 原料乳的验收及预处理

（1）牛乳应严格按要求进行验收，验收合格的乳经称量、过滤、净乳、冷却后泵入储乳罐。

（2）要控制芽孢和耐热细菌数量，因为浓缩过程中乳的实际受热温度只有65～70℃，此时对于芽孢和耐热细菌正是较适合的生长条件。

（3）乳蛋白热稳定性好，能耐受强热处理，75%酒精试验阴性。

2. 乳的标准化

（1）调整乳中脂肪（F）与非脂乳固体（SNF）的质量比值，使之符合成品中脂肪与非脂乳固体比值。在脂肪不足时要添加稀奶油，脂肪过高时要添加脱脂乳或用分离机除去一部分稀奶油。

（2）预热杀菌　采用120℃、2～4s杀菌。

3. 加糖

（1）加糖量　加糖量的计算是以蔗糖比为依据的。蔗糖比决定甜炼乳中蔗糖的浓度，同时也是向原料乳添加蔗糖量的计算标准，一般以62.5%～64.5%为最适宜。

计算公式：

$$蔗糖比=\frac{m_{蔗糖}}{m_{水分}+m_{蔗糖}}\times100\% 或蔗糖比=\frac{蔗糖含量}{100-总乳固体含量}\times100\%$$

（2）加糖方法　在浓缩将近结束时，将杀菌并冷却的浓糖溶液吸入浓缩罐内，再进行浓缩。

4. 预热杀菌目的

（1）预热目的　制造甜炼乳时，在原料乳浓缩之前进行的加热处理称为预热。其目的为：

①杀灭原料乳中的病原菌和大部分杂菌，破坏和钝化酶的活力；②为真空浓缩起预热作用，防止结焦，加速蒸发；③使蛋白质适当变性，推迟成品变稠；④使一些钙盐沉淀下来，从而提高酪蛋白稳定性；⑤预热可使蔗糖完全溶解；

（2）预热杀菌的条件　以75℃保持10～20min及80℃保持5～10min最为普遍。

5. 加糖

（1）加糖目的　一方面是为了赋予甜味，一方面在于抑制炼乳中微生物的繁殖，增加制品的保存性。但加糖量过高易产生糖沉淀等缺陷。

（2）加糖量的计算　加糖量以蔗糖比为依据。蔗糖比又称蔗糖浓缩度，指甜炼乳中蔗糖在炼乳所含水分中占的百分比，即：

$$R_s=\frac{w_{su}}{w_{su}+w}\times100\% 或 R_s=\frac{w_{su}}{100-w_{st}}\times100\%$$

式中　R_s——蔗糖比，%

w_{su}——炼乳中蔗糖含量，%

w——炼乳中水分含量，%

w_{st}——炼乳中总乳固体含量，%

通常规定蔗糖比为62.5%～64.5%。高于64.5%会有蔗糖析出，致使产品组织状态变差；低于62.5%，抑菌效果差。

（3）加糖方法　①将糖直接加于原料乳中，然后预热。②原料乳和浓度为65%～75%的浓糖浆分别经95℃、5min杀菌，冷却至57℃后混合浓缩。③在浓缩将近结束时，将杀菌并冷却的浓糖浆吸入浓缩罐内。加糖方法不同，乳的黏度变化和成品的增稠趋势不同。糖与乳接触时间越长，变稠趋势就越显著。因此，第三种为最好。

6. 浓缩

（1）浓缩目的　除去部分水分；减少质量和体积，便于保藏和运输。一般采取真空浓缩。

（2）真空浓缩条件　温度45～60℃，真空度78.45～98.07kPa。

（3）真空浓缩操作　经预热杀菌的乳到达真空浓缩罐时温度为65～85℃，处于沸腾状态，但水分蒸发使温度下降，要保持水分不断蒸发就必须由加热蒸汽不断供给热量，牛乳中水分汽化形成的蒸汽称为二次蒸汽。牛乳中水分汽化形成的二次蒸汽必须不断排除，一般为冷凝法，即二次蒸汽直接进入冷凝器凝结成水而排除。二次蒸汽不被利用称为单效蒸发；如将二次蒸汽引入另一个蒸发器作为热源用，称为双效蒸发。二次蒸汽被多次利用称为多效蒸发。浓缩过程中应控制好浓缩时间、温度和加热蒸汽压力。

（4）浓缩终点的确定　浓缩终点的确定一般用相对密度测定法，也可以用黏度测定法和折射仪法。

①相对密度测定方法：使用波美密度计测定。波美密度计应在15.6℃测定，温度每差1℃，波美度相差0.054°Bé，温度高于15.6℃时加上差值；反之，则需减去差值。

②甜炼乳相对密度与波美度的关系为：°Bé = 145 - 145/d；浓缩乳在48℃左右时，波美度在31.71～32.56°Bé，可认为已达到浓缩终点。

7. 均质、冷却和结晶

（1）均质　均质压力一般为10～14MPa，温度为50～60℃。采用二段均质时，第一段均质条件相同，第二段均质压力为3.0～3.5MPa，温度控制在50～60℃为宜。

（2）冷却　目的在于防止耐热细菌繁殖；防止成品的变稠与褐变。

利用冷却结晶设备对浓缩乳冷却，分为三个阶段：

①冷却初期：浓缩乳出料后乳温在50℃左右，应迅速冷却至35℃左右，冷却时间约为20～25min。

②冷却中期：继续冷却将乳温近于28℃，冷却时间可控制25min左右，结晶的最适温度就处于这一阶段。此时可投入0.04%左右的乳糖晶体，边加边搅拌。

③冷却后期：把炼乳冷却至20℃后停止冷却，再继续搅拌1h，即完成冷却结晶操作。

（3）结晶　赋予产品良好的组织状态的稳定性。

①乳糖结晶的概念：乳糖的溶解度在室温下约为18%，在含蔗糖62%的甜炼乳中只有15%。甜炼乳中水和乳糖之比为4∶5.3，有2/3需要结晶。在冷却过程中，随着温度降低，多余的乳糖就会结晶析出。若结晶晶粒微细，则可悬浮于炼乳中，炼乳组织柔润细腻。若结晶晶粒较大，则组织状态不良，甚至形成乳糖沉淀。

②乳糖结晶的分类：乳糖结晶分为自然结晶和强制结晶。

a. 自然结晶。结晶过程自然进行，不加控制，不添加晶种。这种方法得到的晶体大而少。

b. 强制结晶。控制冷却速度和添加晶种，得到的晶体小而多。在炼乳生产中都采用强制结晶。

③乳糖结晶温度的选择：乳糖结晶曲线图分为三个区：最终溶解度曲线左侧为溶解区，过饱和溶解度曲线右侧为不稳定区，它们之间是亚稳定区。在不稳定

区内，乳糖将自然析出。在亚稳定区内，乳糖在水溶液中处于过饱和状态，此时加入晶种，能促使乳糖迅速形成大小均匀的微细结晶，这一过程称为乳糖的强制结晶。强制结晶的最适温度可以从乳糖结晶曲线上查出。

④晶种的制备：晶种粒径应在5μm以下。取精制乳糖粉（多为α-乳糖），在120℃下烘干2~3h，经超微粉碎机粉碎，再烘干1h，粉碎过120目筛，然后装瓶、密封、储存。

⑤晶种添加量：添加量为炼乳质量的0.02%~0.03%。晶种也可以用成品炼乳代替，添加量为炼乳量的1%。

⑥冷却结晶的方法：可分为间歇式及连续式两大类。

间歇式冷却结晶：通常采用蛇管冷却结晶器。冷却过程可分为三个阶段：第一阶段为冷却初期，将浓乳由50℃左右迅速冷却至35℃左右；第二阶段为强制结晶期，继续冷却至接近28℃，为结晶的最适温度；第三阶段冷却后期，冷却至15℃后，再继续搅拌1h，即完成冷却结晶操作。

连续式冷却结晶：采用连续瞬间冷却结晶机。炼乳在强烈的搅拌作用下，在几十秒到几分钟内被冷却至20℃以下，不添加晶种即可获得5μm以下的细微结晶，而且可以防止褐变和污染，也有利于防止变稠。

⑦晶体的产生和判断：

测定方法：显微镜下检视晶体长度。

质量判断：一看晶体大小，二看晶体在炼乳中的分布是否均匀。

⑧乳糖酶的应用：使乳糖全部或部分水解，省略乳糖结晶过程，也可从根本上避免出现乳糖结晶沉淀析出。

8. 包装、储藏

将产品按一定规格灌装并密封。检验合格后入库储存。

在普通设备中冷却的炼乳含有大量的气泡，可采用真空封罐机或其他脱气设备，或静止12h左右，待气泡逸出后再进行灌装。装罐应装满，尽可能排除顶隙空气。

炼乳储藏应离开墙壁及保暖设施30cm以上，库温恒定，不得高于15℃，空气相对湿度不应高于85%。储藏过程中，每月翻罐1~2次，防止糖沉淀的形成。

9. 甜炼乳质量控制

（1）全脂甜炼乳的成品质量标准参见国标。

（2）炼乳生产和储藏过程的质量缺陷和预防。

①变稠：甜炼乳储存时黏度逐渐增加，以致失去流动性甚至全部凝固，这一现象称为变稠。

a. 细菌性变稠。微生物产酸或者凝乳酶。

b. 理化性变稠。乳中蛋白质由溶胶态变为凝胶态，进而导致炼乳变稠。

②膨罐：主要是以下原因产生了气体：蔗糖溶液发酵；酪酸菌繁殖产气；乳

酸菌产生的乳酸与金属锡作用产气。

③纽扣状物的形成：由于死亡霉菌引起。

④砂状炼乳：含乳糖晶体粗大导致。

⑤棕色化：羰氨反应导致。

⑥糖沉淀：炼乳中乳糖晶体过于粗大或者蔗糖比例过高导致。

⑦脂肪分离。

⑧酸败臭及其他异味：脂肪水解生成的刺激味。

⑨柠檬酸钙沉淀。

五、 成品评定

参照《GB 13102—2010 炼乳》的规定进行评定。

任务八 | 奶油加工

一、 背景知识

（一）奶油的概念

乳经分离后所得的稀奶油，再经成熟、搅拌、压炼等一系列加工处理制成的乳制品称为奶油。

（二）奶油的种类

1. 根据其制造方法分类

甜性奶油、酸性奶油、重制奶油、脱水奶油、连续式机制奶油。

2. 根据加盐与否分类

无盐、加盐、特殊加盐的奶油。

3. 根据脂肪含量分类

一般奶油、无水奶油（即黄油）、人造奶油。

4. 奶油组成及组织状态

（1）组成　脂肪（80% ~ 82%），水分（15.6% ~ 17.6%），盐（约1.2%），蛋白质、钙和磷（约1.2%），奶油还含有脂溶性的维生素A、维生素D和维生素E。

（2）组织状态　奶油应呈均匀一致的颜色、稠密而味纯。水分应分散成细滴，从而使奶油外观干燥。硬度应均匀，这样奶油就易于涂沫，有舌感即融的感觉。

二、 实训目的

（1）学习奶油的产品特性。

（2）掌握稀奶油、甜性和酸性奶油的加工技术。

三、 主要原料与设备

（一）原料

原料乳应符合《GB 19301—2010 生乳》的规定。

（二）设备

原料乳预处理设备、奶油分离机、杀菌设备、真空脱气机、发酵剂制备设备、发酵罐、板式换热器、奶油制造机、包装机。

四、 稀奶油加工技术

（一）稀奶油的概念

静置时由于重力的作用或离心分离时由于离心力的作用，新鲜的全脂乳会分成富含脂肪和含脂较低的两部分，前者称为稀奶油，后者称为脱脂乳。

（二）稀奶油的加工工艺流程

1. 流程一

原料乳验收→净化→原料乳冷却→原料乳储藏→稀奶油分离→稀奶油标准化→装听→灭菌→冷却→储藏

2. 流程二

原料乳验收→净化→原料乳冷却→原料乳储藏→稀奶油分离→稀奶油标准化→杀菌→均质→包装→冷却→储藏

（三）稀奶油加工的技术要点

1. 稀奶油的分离

（1）分离方法

重力法也称静置法：分离所需的时间长，且乳脂肪分离不彻底。

离心法：采用牛乳分离机将稀奶油与脱脂乳迅速而较彻底地分开，因此它是现代化生产普遍采用的方法。

（2）分离要求　工业化生产采用离心法来实现牛乳分离。生产操作时将离心机开动，当达到稳定时（一般为4000～9000r/min），将预热到35～40℃（分离时乳温为32～35℃）的牛乳输入。

（3）影响分离效率的因素　分离机的转数，乳的温度，乳中的杂质含量，乳的流量，乳的含脂率和脂肪。

2. 稀奶油的杀菌和真空脱臭

根据稀奶油的杀菌温度与时间不同，可分为以下几种方法：

①72℃、15min；②77℃、5min；③82～85℃、30s；④116℃、3～5s或再经过脱臭器，以除去一些不良的气味，一般用专用的真空杀菌脱臭机处理来脱臭。

3. 稀奶油的冷却、均质、包装

（1）均质　在杀菌后、冷却至5℃前，宜进行一次均质。均质压力范围一般为8～18MPa，均质温度在45～60℃。

（2）物理成熟　杀菌、均质后稀奶油应迅速冷却至2～5℃，然后在此温度下保持12～24h进行物理成熟，使脂肪由液态转变为固态（即脂肪结晶）。同时，蛋白质进行充分的水合作用，黏度提高。

（3）包装、储藏　物理成熟后进行装瓶，或冷却至2.5℃后立即将稀奶油进行包装，然后在5℃以下冷库（0℃以上）中保持24h以后再出厂。

五、甜性和酸性奶油加工技术

（一）工艺流程

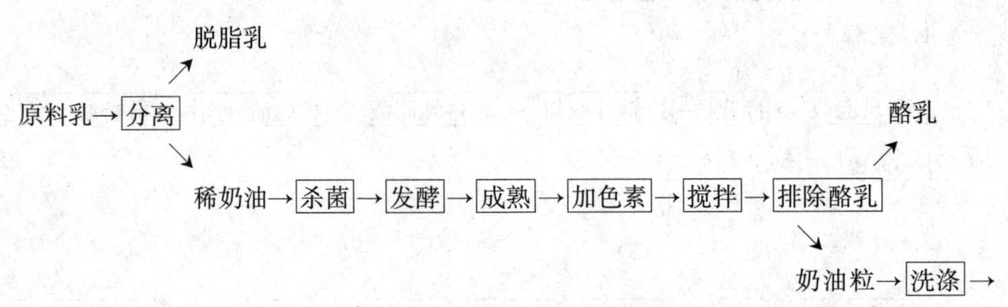

（二）操作要点

1. 原料乳及稀奶油的验收及质量要求

除符合正常乳的要求外，含抗菌素或消毒剂的稀奶油不能用于生产酸性奶油。

2. 原料乳的初步处理

（1）乳脂率要求及标准化　分离时控制稀奶油和脱脂乳的流量比为1∶6～1∶12，标准化是为了在加工时减少乳脂的损失和保证产品的质量，在加工前必须将稀奶油进行标准化。

（2）方法　采用间歇方法，生产新鲜奶油及酸性奶油时，稀奶油的含脂率以30%～35%为宜；连续法生产时，规定稀奶油的含脂率为40%～45%。

3. 稀奶油的中和

生产甜性奶油时，稀奶油水分中的 pH 应保持在近中性，以 pH 6.4 ~ 6.8 或稀奶油的酸度以16°T左右为宜；生产酸性奶油时 pH 可略高，稀奶油酸度为 20 ~ 22°F。一般使用的中和剂为石灰和碳酸钠。

4. 真空脱气

可将具有挥发性异常风味的物质除掉，首先将稀奶油加热到 78℃，然后输送至真空机，其真空室的真空度可以使稀奶油在 62℃时沸腾。

5. 稀奶油的杀菌

（1）稀奶油杀菌的目的

①杀灭病原菌和腐败菌以及其他杂菌和酵母等；②破坏各种酶，提高奶油保存性和风味；③稀奶油中存在各种挥发性物质，加热杀菌可以除去那些特异的挥发性物质，改善奶油的香味。

（2）杀菌及冷却　脂肪的导热性很低，能阻碍温度对微生物的作用；同时为了使酶完全破坏，有必要进行高温巴氏杀菌，一般可采用 85 ~ 90℃ 的巴氏杀菌；制造新鲜奶油时，可冷却至 5℃ 以下，酸性奶油则冷却至稀奶油的发酵温度。

6. 稀奶油的发酵

（1）生产甜性奶油时，不经过发酵过程，在稀奶油杀菌后立即进行冷却和物理成熟。

（2）生产酸性奶油时，需经发酵过程。

①发酵的目的：产生乳香味，发酵法生产的酸性奶油比甜性奶油有更浓的芳香风味；可产生乳酸抑制腐败性细菌繁殖。

②发酵用菌种：生产酸性奶油用的纯发酵剂是产生乳酸的菌类和产生芳香风味的混合菌种。

菌种有下列几种：乳酸链球菌，乳脂链球菌，嗜柠檬酸链球菌，副嗜柠檬酸链球菌，丁二酮乳链球菌。发酵剂的制备方法与酸乳相似。

③发酵：18 ~ 20℃、5% 的工作发酵剂，每隔 1h 搅拌 5min，停止发酵，转入物理成熟。

7. 稀奶油的物理成熟

通常制造新鲜奶油时，在稀奶油冷却后，立即进行成熟；制造酸性奶油时，则在发酵前后，或与发酵同时进行。脂肪变硬的程度决定于物理成熟的温度和时间。在某种温度下脂肪组织的硬化程度达到最大可能时称为平衡状态。在低温下成熟时发生的平衡状态要早于高温下的。

8. 稀奶油的搅拌

（1）搅拌的目的和条件

①概念：利用机械的冲击力，使脂肪球破碎，脂肪游离出来并集结成奶油

粒，这个过程称为搅拌。

②目的：使脂肪球破碎脂肪聚结而形成奶油粒，同时析出酪乳。

（2）搅拌时须注意下列几个因素

①稀奶油的脂肪含量：一般稀奶油达到搅拌的适宜含脂率为30%～40%。

②物理成熟的程度：成熟良好的稀奶油在搅拌时产生很多的泡沫，有利于奶油粒的形成，使流失到酪乳中的脂肪大大减少。

③搅拌的最适温度：稀奶油搅拌时适宜的最初温度是，夏季为8～10℃，冬季为11～14℃。

④搅拌机中稀奶油的添加量：一般小型手摇搅拌机要装入其容积的30%～36%，大型电动搅拌机装入50%为适宜。

⑤搅拌的转速：一般采取40r/min左右的转速。

（3）搅拌方法　一般完成搅拌所需的时间为30～60min，搅拌程度可根据以下情况判断：

①在窥视镜上观察：由稀奶油状变为较透明、有奶油粒生成的状态。

②搅拌到终点时，搅拌机里的声音有变化。

③手摇搅拌机在奶油粒快出现时，可感到搅拌较费劲。

④停机观察时，形成的奶油粒直径以0.5～1cm为宜，搅拌终了放出的酪乳含脂率一般为0.5%左右。

（4）奶油的调色　奶油作为商品时，为了使颜色全年一致，冬季可添加色素。色素添加通常是在杀菌后搅拌前直接加入到搅拌器中。

（5）奶油颗粒的形成　当稀奶油被剧烈搅拌时，形成了蛋白质泡沫层。脂肪球被集中到泡沫中。继续搅拌时，蛋白质脱水，泡沫变小，使得泡沫更为紧凑。因此对脂肪球施加压力，这样引起一定比例的液体脂肪从脂肪球中被压出，并使某些膜破裂。脂肪球的破裂，使脂肪凝结形成奶油粒。开始时很小，但当搅拌继续时，它们变得越来越大，聚合成奶油粒，使剩余在液体即酪乳中的脂肪含量减少。

9. 奶油粒的洗涤

（1）目的　是为了除去奶油粒表面的酪乳；调整奶油的硬度；消除稀奶油的不良气味。

（2）洗涤要求

①水温：水洗用的水温在3～10℃的范围内。

②水洗次数：2～3次。

③水质：要求质量良好，符合饮用水的卫生要求。

10. 奶油的加盐

盐粒的大小不宜超过50μm，加入盐水会提高奶油的含水量。为了减少含水量，在加入盐水前要保证奶油粒中的含水率为13.2%。

11. 奶油的压炼

将奶油粒压成奶油层的过程称为压炼。

（1）压炼的目的　是为使奶油粒变为组织致密的奶油层，使水滴分布均匀，使食盐全部溶解，并均匀分布于奶油中。同时调节水分含量，即在水分过多时排除多余的水分，水分不足时，加入适量的水分并使其均匀吸收。

（2）压炼程度及水分调节　奶油压炼一般分为三个阶段：

①压炼初期，被压榨的颗粒形成奶油层，同时，表面水分被压榨出来。

②压炼的第二阶段，奶油水分又逐渐增加。

③压炼第三阶段：奶油的水分显著增高，而且水分的分散加剧。

奶油中含水量如果低于许可标准，可以按以下公式计算不足的水分。

$$m_X = \frac{m\ (w_A - w_B)}{100}$$

式中：m_X——不足的水量，kg

m——理论上奶油的质量，kg

w_A——奶油中容许的标准水分，%

w_B——奶油中含有的水分，%

12. 奶油的包装

（1）餐桌用奶油　直接涂抹面包食用（又称涂抹奶油），都要小包装。

（2）烹调用奶油或食品工业用奶油　一般都用较大型的马口铁罐、木桶或纸箱包装。

13. 奶油的储藏和运输

一般在 -15℃以下冷冻和储藏，如需较长期保藏时，需在 -23℃以下，在10℃左右放置最好不超过 10d。

（三）奶油的连续化生产

稀奶油从成熟罐连续进入奶油制造机前，制备工艺与搅拌法中稀奶油的制备相同。

（四）重制奶油

重制奶油含水量不超过 2%。突出优点是在常温下保持其质量的时间比甜性奶油长得多。

生产方法有煮沸法、熔融静置法和熔融离心分离法。

1. 煮沸法

奶油粒放入锅内或者把稀奶油直接放入锅内；以慢火长时间煮沸，水分蒸发，蛋白质析出；煮至油面上的泡沫减少即可停止煮沸；静置降温，蛋白质沉淀后将上部澄清油装入马口铁罐或木桶即为成品。此法生产具有特有的奶油香味。

2. 熔融静置法与熔融离心分离法

把奶油在夹层缸内加热熔融至沸点。稍变质有异味的奶油，则保持一段沸腾时间，使部分水分蒸发的同时挥发除去其中的异味；停止加温再冷却静置使水分、蛋白质分层沉陷在下部或者用离心分离机将奶油与水和蛋白质分开，将奶油装入包装容器。

六、无水奶油加工技术

（一）无水奶油的概念

无水奶油也称无水乳脂，是一种几乎完全由乳脂肪构成的产品。

（二）无水奶油的特性

无水奶油在36℃以上时是液体，在16℃以下时是固体，液态易和其他产品混合，且便于计量。

（三）无水奶油的生产工艺流程

无水奶油的生产有两种方法：一种直接用稀奶油（乳）来生产无水奶油；另一种用奶油来生产无水奶油。

（四）无水奶油的精制

对无水奶油精制有各种不同的目的和用途，精制方法举例如下：

1. 磨光

包括用水洗涤从而获得清洁、有光泽的产品，其方法是在最终浓缩后的油中加入20%～30%的水，所加水的温度应该和油的温度相同，保持一段时间后，水和水溶性物质（主要是蛋白质）一起又被分离出来。

2. 中和

通过中和可以减少油中游离脂肪酸的含量。高含量的游离脂肪酸会引起乳油及其制品产生臭味。将浓度为8%～10%的碱（NaOH）加到乳油中，其加入量和油中游离脂肪酸的含量要相当，大约保持10s后再加入水，加水比例和洗涤相同。最后皂化的游离脂肪酸和水相一起被分离出来，油应和碱液充分地混合，但混合必须柔和，以避免脂肪的再乳化，这一点是很重要的。

3. 分级

分级是将油分离成为高熔点和低熔点脂肪的过程，这些分馏物有不同的特点，可用于不同产品的生产。

有几种分级脂肪的方法，但常用的方法是不使用添加剂，其过程被简单地描述如下：将无水乳脂即通常经洗涤所得到的尽可能高的“纯脂肪”熔化，再慢慢冷却到适当温度，在此温度下，高熔点的分馏物结晶析出，同时低熔点的分馏物仍保持液态，经特殊过滤就可以获得一部分晶粒，然后再将滤液冷却到更低温度，其他分馏物结晶析出，经过滤又得到一级晶粒，可以一次次分级得到不同熔点的制品。

（五）分离胆固醇

分离胆固醇是将胆固醇从无水乳脂中除去的过程。分离胆固醇经常用的方法是用变性淀粉或β－环状糊精和乳脂混合，β－环状糊精（β－CD）分子包裹胆固醇，形成沉淀，此沉淀物可以通过离心分离的方法除去。

（六）包装

无水乳脂可以装入大小不同的容器，比如对家庭或饭店来说，1.0～19.5kg的包装盒比较方便；而对工业生产来说，用最少能装185kg的桶比较合适。通常先在容器中充入惰性气体氮（N_2），因为N_2比空气重，装入容器后下沉到底部，又因为无水乳脂比N_2重，当往容器中注无水奶油时，无水奶油渐渐沉到N_2下面，N_2被排到上层，形成一个“严密的气盖”保护无水奶油，防止吸入空气而产生氧化作用。奶油包装后尽快进入冷库并冷却到5℃，存放24～48h。

七、奶油品质的影响因素与常见缺陷

（一）影响奶油性质的因素

1. 乳牛品种

油酸含量高的乳脂肪制成的奶油比较软，如荷兰牛、爱尔夏牛的乳脂肪；油酸含量比较低的乳脂肪，熔点高，制成的奶油比较硬，如娟姗牛。

2. 泌乳初期

挥发性脂肪酸多，而油酸比较少，制成的奶油较硬；随着泌乳时间的延长，这种性质变得相反。

3. 季节的影响

春、夏季，青饲料多，乳脂中油酸含量高，奶油也比较软，熔点也比较低；秋、冬季，乳脂中油酸含量低，奶油比较软，熔点也比较高。为了要得到较硬的奶油，在稀奶油成熟、搅拌、水洗及压炼过程中，应尽可能降低温度。

4. 奶油的色泽

白色、淡黄色，深浅各有不同，这与胡萝卜素含量有关。通常冬季的奶油为淡黄色或白色。奶油长期暴晒于日光下时，自行退色，为了使奶油的颜色全年一致，秋冬季之间往往加入色素以增加其颜色。

5. 奶油的芳香味

奶油的芳香味主要由于丁二酮、甘油及游离脂肪酸等综合而成。其中丁二酮主要来自发酵时细菌的作用。

（二）奶油的常见缺陷

1. 风味缺陷

（1）鱼腥味　是卵磷脂水解，生成三甲胺造成的。

（2）脂肪氧化与酸败味　空气氧与不饱和脂肪酸反应造成的。酸败味是脂肪在解脂酶的作用下生成低分子游离脂肪酸造成的。

（3）其他风味缺陷

①干酪味：霉菌、细菌污染，蛋白分解。

②肥皂味：中和过度或中和操作过快。

③金属味：接触铜、铁设备而产生。

④苦味 使用末乳或奶油被酵母污染。

2. 组织状态缺陷

（1）软膏状或黏胶状：压炼过度、洗涤水温度过高或稀奶油酸度过低和成熟不足等。

（2）奶油组织松散：压炼不足、搅拌温度低等造成液态油过少。

（3）沙状奶油：加盐奶油中，盐粒粗大，未能溶解所致；或是中和时蛋白凝固，混合于奶油中造成的。

3. 色泽缺陷

（1）条纹状 在干法加盐的奶油中，盐加得不匀、压炼不足等。

（2）色暗而无光泽 压炼过度或稀奶油不新鲜。

（3）色淡 冬季生产的奶油，胡萝卜素含量低。

八、 成品评定

参照《GB 19646—2010 稀奶油、奶油和无水奶油》的规定进行评定。

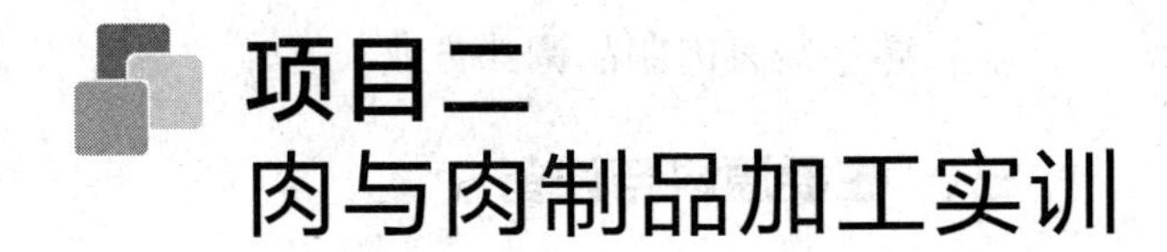

项目二 肉与肉制品加工实训

任务一 | 酱卤肉制品加工

一、背景知识

酱卤肉制品是我国典型的民族传统熟肉制品，有着悠久的历史，其主要特点是用料保持原组织状态，产品酥润，风味浓郁，突出酱香风味，但有的带有卤汁，不易包装和保藏，适于就地生产，就地供应。酱卤肉制品几乎在我国各地均有生产，但由于各地的消费习惯和加工过程中所用的配料、操作技术不同，形成了具有地方特色风味的多个品种，古色古香，形态自然，很受消费者欢迎。酱卤肉制品香气浓郁，食之肥而不腻，瘦不塞牙。随地区不同，酱卤肉制品在风味上有甜、咸之别。北方的酱卤肉制品咸味重，南方的制品则味甜、咸味轻。由于季节不同，制品风味也不同，如夏季口重、冬季口轻。

二、实训目的

（1）独立完成酱卤肉制品加工操作技术。
（2）学会传统老汤调配与制作。
（3）对酱卤肉制品中常用的香辛料能够认知。
（4）正确使用夹层锅。
（5）掌握酱卤肉制品生产原理、工艺。
（6）掌握老汤的制作工艺。

（7）熟悉酱卤肉制品调味方法。

三、主要原料与设备

（一）原料

猪手、食用盐、饮用水、香辛料等。

（二）设备

刀具、刀棍、案板、食品箱、笊篱、不锈钢盆、电子秤、天平、夹层锅（具体式样见图2－1）。

(1)刀具　(2)食品箱　(3)电子秤

图2－1　刀具、食品箱、电子秤外型图

四、酱卤肉制品加工技术

（一）工艺流程

生产前准备→老汤制备→原料处理→酱制→熏制→成品

（二）操作要点

1. 生产前准备工作

（1）原辅材料准备

①根据生产计划，填写领料单，领料出库。

②原料如果是冷冻的，进行缓化处理。

（2）设备准备

①生产前对设备的安全状况进行调试预检，保证设备运行良好。

②清洗：先用90℃以上热水对设备进行清洗，然后用冷水对设备进行降温。

（3）配料　按照配方及生产要求进行配料（表2－1），配料顺序为：一配盐、二配磷酸盐。

表 2-1　　酱卤肉制品配方

名称	数量/kg	名称	数量/kg
猪手	25	草果	0.05
味精	0.5	砂仁	0.05
料酒	0.2	良姜	0.1
花椒	0.3	白砂糖	1
桂皮	0.15	亚硝酸钠	0.001
山柰	0.1	姜	2
肉蔻	0.05	小茴	0.1
草蔻	0.05	陈皮	0.1
食用盐	2.5	白芷	0.15
酱油	0.5	香叶	0.1
葱	4	水	20
大料	0.3	牛骨棒	适量
丁香	0.05	鸡骨架	适量

2. 老汤制备

（1）称量　牛骨棒、鸡骨架、食用盐、味精、白砂糖、酱油、料酒。牛骨棒和鸡骨架用量根据容器大小进行调整。

（2）清洗　葱、姜。

（3）预煮　选取鸡骨架、牛大骨头（断折），用开水烫煮 1～2min，捞出备用。

（4）老汤制备　将香辛料先用食用油炒制后包成料包，投入水锅中，加入鸡骨架、牛骨头、盐、葱等辅料，大火煮沸后，小火煮制 2h，重复 4 次后可以用于生产。

3. 原料处理

（1）称量　猪手。

（2）清洗　用开水烫煮 1～2min，捞出备用。

（3）造型　在猪手远蹄甲端里侧开 5cm 左右的刀口，或在里侧通长开口，刀口深度以割破肉皮为准。

4. 酱制

将猪手投入酱锅中，大火煮沸，小火煮制 50min，关火焖制 4h。

5. 熏制

将酱制好的产品投入糖熏设备中，用白糖加热熏制成金黄色，熏制温度 90℃，时间 1～3min。

6. 称量、入库

将熏制好的产品放凉后称量，入库。

五、 成品评定

（1）颜色　表面呈棕黄色或红棕色。

（2）形状　块形整齐，不脱皮，不破不碎，内部松软，晾凉后切片油润，有弹性。

（3）风味　口感松软，酱香味浓，无异味。

一、 肉制品中常用的调味料

调味料是指为了改善食品的风味，能赋予食品特殊味感（咸、甜、酸、苦、鲜、麻、辣等），使食品鲜美可口、增强食欲而添加入食品中的天然或人工合成的物质。常用的调味料包括咸味剂、甜味剂、酸味剂、增味剂、香辛料等。

（一）咸味剂

1. 食盐

食盐是易溶于水的无色结晶体，具有吸湿性。在肉品加工中食盐具有调味、防腐保鲜、提高保水性和黏着性等重要作用。

食盐在食品调味过程中被誉为“百味之王”。食盐理化指标见表 2－2。

表 2－2　　食盐理化指标

指标	白度（≥）		粒度/%（≥）	氯化钠含量/%（≥）	水分/%（≤）	水不溶物含量/%（≤）
优级精制盐	80°	0.15～0.85mm	85	99.1	0.30	0.05
一级精制盐	75°		80	98.5	0.50	0.10
二级精制盐	67°		75	97.0	0.80	0.20
一级洗涤盐	55°	0.5～2.5mm	80	97.0	2.10	0.10
二级洗涤盐	55°		80	95.5	3.20	0.20
一级日晒盐	55°	0.5～2.5mm	85	93.2	5.10	0.10
二级日晒盐	45°	1.0～3.5mm	70	91.0	6.40	0.20

（1）色泽　纯净的食盐，色泽洁白，呈透明或半透明状。如果色泽晦暗，

呈黄褐色，证明含硫酸钙等水不溶性杂质和泥沙较多，品质低劣。

（2）晶粒 品质纯净的食盐，晶粒很齐，表面光滑且坚硬，晶粒间缝隙较少（复制盐应洁白干燥，呈细粉末状）。如果食盐晶粒疏松，晶粒乱杂，粒间缝隙较多，会促进卤水过多地藏于缝隙，带入较多的水溶性杂质，造成品质不好。

（3）咸味 纯净的食盐应具有正常的咸味，如果咸味带有苦涩味或者牙碜的感觉，即说明钙、镁等水不溶性杂质和泥沙含量过大，品质不良，不宜直接食用，可用于腌制食品。

（4）水分 质量好的食盐，颗粒坚硬，干燥，但在雨天或湿度过大时，容易发生“返卤”现象。食盐含有硫酸镁、氯化镁、氯化钾等。水溶性杂质越多，越容易吸潮。

（5）用量 参考用量为成品含量的1.6%～2.2%，各地产品在此基础上进行调整。

2. 酱油

酱油是富有营养价值、独特风味和色泽的调味品。含十几种复杂的化合物，其成分为盐、多种氨基酸、有机酸、醇类、酯类、自然生成的色泽和水分等。酱油分为有色酱油和无色酱油。肉品加工中宜选用酿造酱油浓度不应低于22°Bé，食盐含量不超过18%。酱油在肉制品生产所起的作用是多方面的。酱油中所含食盐能起调味和防腐作用；所含的氨基酸（主要是谷氨酸）能增加肉制品的鲜味；所含的多种酯类和醇类能增加肉制品的香味；其自然生成的色素对肉制品有良好的着色作用。此外，在香肠等制品中，还有促进成熟发酵的良好作用。

选择酱油以具有正常色泽、气味、滋味，无酸、苦、涩、霉等异味，不浑浊，无沉淀，无霉花，浓度不低于22°Bé，食盐含量为16%～18%，细菌总数不超过50000个/mL，大肠菌群低于30CFU/100mL，无肠道致病菌者为好。

（二）甜味剂

甜味剂是以能赋予食品甜味为主要目的的食品添加剂。甜度是甜味剂甜味的强弱程度，以一定的蔗糖溶液为甜度基准，其甜度标准定为100（或1），其他甜味剂的甜度是与蔗糖比较的相对甜度。

甜味剂是重要的营养源，是能量最适合、最高效的来源；它有助于风味的调节和增强（糖酸比）；有助于不良风味的掩蔽；可以增加适口性。食品的甜味不但可以满足人们的嗜好要求，而且还能改进食品的可口性和其他食品的工艺特性。

糖在人们日常生活中占有很重要的地位。化学上把糖分为单糖（如葡萄糖、果糖）、双糖（如蔗糖和麦芽糖）和多糖（如淀粉、纤维素）。商业上，从形状上看可分为砂糖、绵糖、冰糖。从颜色上看，又可分为白糖、黄糖、红糖。糖是多羟基醛或多羟基酮及其衍生物的总称。由于其组成为C、H、O三种元素，所以人们又习惯称之为碳水化合物。

1. 糖的种类

（1）白糖　以蔗糖为主要成分，包括绵白糖和白砂糖，在肉制品中使用能保色，缓和咸味，增色，适口，肉质松软。白糖的保管要注意卫生，防潮，单独存放。否则易返潮、熔化、干缩、结块、发酵和变味。

①颗粒大小：绵白糖颜色洁白、粒细很细微，看起来像积雪，软绵绵的感觉，很容易受潮。绵白糖最宜直接食用，冷饮凉食用之尤佳，但不宜用来制作高级糕点。

白砂糖色泽白亮、颗粒如沙，一粒粒分得很清楚。像沙子倒出来有沙沙的声音。

②制作工艺：绵白糖是制成晶粒较细的白糖后，加入转化糖浆而成。

白砂糖是由甘蔗或甜菜经过提汁、澄清、煮炼、结晶、分蜜、干燥工序而成。

③用于烘焙：白砂糖更适合熬浆做面包和糕点等，砂糖发脆，很适合做饼干外层的糖（烘焙原料之砂糖）。

绵白糖易使制品上色，更易溶于面团中。一般比较适合蛋糕及馅料中，当然如果火大了也更容易发黑。

（2）红糖　红糖也称黄糖。它有黄褐、赤红、红褐、青褐等颜色，但以色浅黄红、甜味浓厚者为佳。红糖除含蔗糖（约8.4%）外，所含果糖、葡萄糖较多，甜度较高。但因红糖未脱色精炼，其水分（2%~7%）、色素、杂质较多，容易结块、吸潮，甜味不如白糖纯厚。

（3）冰糖　冰糖是白砂糖的再制品，结晶组织紧密，杂质较少，味甜纯正。冰糖有润肺止咳、健胃生津的功效。冰糖以白色明净（或微黄）、透明味浓者为上品。

（4）饴糖　饴糖是以高粱、米、大麦、粟、玉米等淀粉质的粮食为原料，经发酵糖化制成的食品。

饴糖的主要成分是麦芽糖（50%）、葡萄糖和糊精（30%）。饴糖味甜柔爽口，有吸湿性和黏性。肉制品加工中，用于增色和辅助剂。

（5）蜂蜜　蜂蜜的营养价值很高，其含葡萄糖42%、果糖35%、蔗糖20%、蛋白质0.3%、淀粉1.8%、苹果酸0.1%，以及脂肪、酶、芳香物质、无机盐和多种维生素。蜂蜜甜味纯正，不被直接吸收利用，能增加血红蛋白，提高人的抵抗力，蜂蜜为白色或黄色透明、半透明液体、或凝固成脂状，以无杂质、味甜纯、无酸味者为佳。

（6）葡萄糖　葡萄糖为白色晶体或粉末，甜度稍低于砂糖。对于肉制品加工中的使用量以0.3%~0.5%最合适。葡萄糖除作为调味外，还有调节pH和氧化还原作用。

2. 糖在肉制品中的作用

糖是重要的风味改良剂。在肉制品中起赋予甜味和助剂的作用，并能增添制品的色泽。尤其是中式肉制品加工中也要添加一些糖，以增加产品的特色和风味。

糖与肉保藏的关系。一般认为浓的糖溶液对微生物有抑制作用，因为它能够降低水分活度，减少微生物生长所需要的自由水，并由于渗透压的作用，导致细胞壁分离，从而获得杀菌防腐效果。一些试验指出，稀糖溶液反而有助于微生物的生长。一般认为，为了保藏制品，糖液的浓度至少要达到50% ~75%。不同的糖类在各种浓度时的抑制作用并不同。糖是应用最多的甜味调味品，在生产中使用较多的是蔗糖、果糖、麦芽糖、葡萄糖等。

高浓度的溶液虽然有抑制微生物的作用，但实际上还存在着一部分耐糖的微生物，其中对高浓度溶液抵抗力最强的是酵母。此外，霉菌的耐糖性也较强。因此，肉品保藏防止霉变成为主要问题。

（三）酸味剂

酸味在肉制品加工中是不能独立存在的味道，必须与其他味道合并才起作用。但是，酸味仍是一种重要的味道，是构成多种复合味的主要调味物质。酸味调味料品种有许多，在肉制品加工中经常使用的有醋、番茄酱、番茄汁、山楂酱、草莓酱、柠檬酸等。

1. 醋

醋是以粮食为主体的米、麦、麸等经过发酵酿制而成的。醋含有多种氨基酸，包括醋酸、乳酸、苹果酸、柠檬酸等八种有机酸。醋不但增加食物味道、软化植物纤维，增进消化，同时还能溶解动物性食物的骨质，促进钙、磷的吸收。

（1）食醋的选择　选择食醋宜采用粮食醋。具有正常食醋色泽、气味、滋味，不浑浊，无霉花、浮沫、沉淀，细菌总数不超过5000个/mL，大肠菌群小于3CFU/100mL，以无肠道致病菌者为好。

（2）食醋的作用

①食醋的调味作用：食醋与糖可以调配出一种很适口的甜酸味——糖醋味的特殊风味。试验中发现，任何含量的食醋中加入少量的食盐后，酸味感增强，但是加入的食盐过量，则会导致食醋的酸味感下降。与此相反，在具有咸味的食盐溶液中加入少量的食醋，可增加咸味感。

②食醋的去腥作用：在肉制品加工中有时往往需要添加一些食醋，用以去除腥味，尤其鱼肉类原料更具有代表性。在加工过程中，适量添加食醋可明显减少腥味。如用醋洗猪肚，既可保持维生素和铁少受损失，又可去除猪肚的腥臭味。

③食醋的调香作用：食醋中的主要成分为醋酸，同时还有一些含量低的其他小分子酸，而制作某些肉制品往往又要加入一定量的黄酒和白酒，酒中的主要成

分是乙醇，同时还有一些含量低的其他醇类。当酸类与醇类同在一起时，就会发生酯化反应，在风味化学中称为“生香反应”。炖牛肉、羊肉时加点醋，可使肉加速熟烂及增加芳香气味；骨头汤中加少量食醋可以增加汤的适口感及香味，并利于增加骨中钙的溶出。

（3）食醋质量验收标准　有正常色泽，琥珀色气味，不涩，无其他不良气味或异味，不浑浊，无悬浮物及沉淀物，透明澄清无霉花浮膜，无“醋馒”、“醋虱”，外包装无漏、无污，印刷清晰，无胀袋现象。

2. 柠檬酸

柠檬酸用于处理腊肉、香肠和火腿，具有较强的抗氧化能力。柠檬酸也可用于多价螯合剂用于提炼动物油和人造黄油的过程。柠檬酸可用于密封包装的肉类食品的保鲜。柠檬酸在肉制品中的作用还是降低肉糜的 pH。在 pH 较低的情况下，亚硝酸盐的分解越快越彻底。当然，对香肠的变红就越有良好的辅助作用。但 pH 的下降，对于肉糜的持水性是不利的。因此，国外已开始在某些混合添加剂中使用糖衣柠檬酸。加热时糖衣溶解，释放出有效的柠檬酸，而不影响肉制品的质构。

（四）鲜味剂

能补充或增强食品原有风味，或者增加食品鲜味的物质为鲜味剂，又称增味剂。

1. 鲜味剂要同时具有三种呈味特性

①本身具有鲜味且呈味阈值较低；②对食品原有的味道没有影响；③能补充和增强食品原有的风味。

在使用中，应恰当掌握用量，不能掩盖制品全味或原料肉的本味，味精的添加量为食盐用量的15%～20%为宜，这时味精的鲜味会更加突出。肉制品加工中主要使用的鲜味剂有味精、肌苷酸钠、鸟苷酸钠等。

2. 鲜味剂合理使用注意事项

（1）良好的溶解性　鲜味剂溶解性的高低与分散性相关，直接影响产品风味。

（2）稳定性要强　热稳定性、pH 稳定性、化学稳定性必须要好，否则随着应用环境改变，鲜味剂将失去其特有性能。

（3）与食盐、氨基酸类、核苷酸类增味剂、其他有机酸配合使用，利用协同效应增加鲜味。

（五）料酒

酒的种类很多，在生产肉制品时使用的酒，主要有优质白酒和绍兴黄酒。酒是多种中式肉制品必不可少的调料，主要成分为乙醇和少量酯类。它可以去膻除腥，并有一定的杀菌作用，给肉制品以特有的醇香气味。食用时，要加入一定量的酒做调味料，但在使用塑料肠衣包装的灌制品，以不加白酒为宜。滥用时，会产生不良气味。

（六）香辛料

香辛料是一类能改善和增强食品香味和滋味的食品添加剂。它是利用植物的根、茎、叶、花、果实等，或其提取物，赋予食物以风味，具有刺激性香味，增进食欲，帮助消化和吸收。

1. 常用香辛料的种类及香味特征机能

（1）葱　有类似大蒜的刺激性臭、辣味，干燥后辣味消失，加热后可呈现甜味。用于粉末调配汤料，使香气大增，用脱水葱叶，为方便面增添一片片翠绿的点缀，促进食欲。

（2）姜　根茎部具有芳香而强烈的辛辣气味和清爽风味，粉状汤料常用姜粉，液状汤料中易用鲜姜。

（3）大蒜　有强烈的臭、辣味，可增进食欲，并刺激神经系统，使血液循环旺盛，根茎部有芳香和强烈辣味，在汤料中可掩盖异味，使香味宽厚柔和，但在粉状汤料中用量要适宜，不易过大。

（4）辣椒　有强烈的辛辣味，能促进唾液分泌，增进食欲，一般使用辣椒粉，在汤料中起辣味和着色作用。

（5）胡椒　有强烈的芳香和麻辣味，颜色有黑、白之分，一般常用白胡椒，麻辣汤料中必不可少。

（6）花椒　有特殊的香气和强烈辣味，且麻辣持久，是我国北方和西南地区不可缺少的调味品，麻辣汤料中常用。

（7）肉桂　有特殊芳香和刺激性甘味。

（8）大茴香　有特殊芳香气，微甜。

2. 辛香味香料

辛香味香料主要是指在食品调味调香中使用的芳香植物的干燥粉末或精油。人类古时就开始将一些具有刺激性的芳香植物作为药物用于饮食，它们的精油含量较高，有强烈的呈味、呈香作用，不仅能促进食欲，改善食品风味，而且还有杀菌防腐功能。现在的辛香料不仅有粉末状的、而且有精油或油树脂形态的制品。

辛香料大致分成五类：

（1）有热感和辛辣感的香料　如辣椒、姜、胡椒、花椒、番椒等。

（2）有辛辣作用的香料　如大蒜、葱、洋葱、韭菜、辣根等。

（3）有芳香性的香料　如月桂、肉桂、丁香、众香子、香荚兰豆、肉豆叩等。

（4）香草类香料　如茴香、葛缕子（姬茴香）、甘草、百里香、孜然等。

（5）带有上色作用的香料　如姜黄、红椒、藏红花等。

3. 混合香辛料

混合香辛料，是将数种香辛料混合起来，使之具有特殊的混合香气。它的代表性品种有咖喱粉、辣椒粉、五香粉。

（1）五香粉　常用于中国菜，用茴香、花椒、肉桂、丁香、陈皮混合制成，有很好的香味。

（2）辣椒粉　主要成分是辣椒，另混有茴香、大蒜等，具有特殊的辣香味。

（3）咖喱粉　主要由香味为主的香味料、辣味为主的辣味料和色调为主的色香料三部分组成。一般混合比例是：香味料40%，辣味料20%，色香料30%，其他10%。当然，具体做法并不局限于此，不断变换混合比例，可以制出各种独具风格的咖喱粉。

4. 香辛料的验收标准

具体标准见表2-3。

表2-3　　香辛料质量验收标准

品名	质量验收标准
八角	色泽棕红鲜艳有光，朵大均匀呈八角形。干燥饱满干裂，香气浓郁无霉烂，杂质破碎和脱壳籽粒不超10%
花椒	色鲜红，睁眼，麻味足，香味大，身干，无长枝，无霉坏，含籽不超5%
桂皮	皮面青灰透淡棕色，腹面棕色，表面有细纹，背面有光泽，质坚实，身干，味清香，略带甜
丁香	红棕色或棕褐色，上部有四枚三角状萼片，十字状分开，质坚实，富油性，气芳香，浓烈
山柰	圆形或近圆形的横切片，外皮浅褐色或褐色皱缩，有的有根痕或残有须根，切面白色粉性，党豉凸，质脆气味特异，味辛辣
陈皮	表面橙红色或红黄色，有无数凹入和油点对光照视清晰，内面黄白气，质稍硬面脆易折断，气香
豆蔻	卵圆或椭圆形，表面灰棕色或灰黄色，全体有浅色纵行沟纹及不规则网状沟纹，质坚，断面显示棕黄色相杂的大理石花纹，富油性，气味芳香
粉状香辛料	颗粒均匀，无杂质，干燥无结块，具有固有的颜色和气味滋味
姜	色姜黄，表面无皱缩、无霉变，出芽现象，水分含量适中
葱	葱白乳白，无虫无病葱叶较长，品质形态较小
蒜	蒜瓣饱满，无霉无出芽
小茴香	身干粒饱满均匀，气味香郁，色灰绿无杂质
草果	椭圆形，个大饱满色红润，香气浓郁，干燥无异味

二、煮制

1. 煮制的概念

煮制是对原料肉用水、蒸汽、油炸等加热方式进行加工的过程。可以改变肉的感官性状及质构，提高肉的风味和嫩度，达到熟制的目的。

2. 煮制的作用

煮制对产品的色香味形及成品化学性质都有显著的影响。煮制使肉黏着、凝固，具有固定制品形态的作用，使制品可以切成片状；煮制时原料肉与配料的相互作用，改善了产品的色、香、味。同时煮制也可杀死微生物、寄生虫及钝化酶的活性，提高制品的储藏稳定性和保鲜效果。煮制时间的长短，要根据原料肉的形状、性质及成品规格要求来确定，一般体积大，质地老的原料，加热煮制时间较长，反之较短。总之，煮制必须达到产品的质量要求。

3. 煮制的方法

煮制直接影响产品的口感和外形，必须严格控制温度和加热时间。酱卤肉制品中，酱与卤两方法有所不同，所以产品特点、色泽、味道也不同。在煮制方法上，卤制品通常将各种辅料煮成清汤后将肉块下锅以旺火煮制；酱制品则和各种辅料一起下锅，大火烧开，文火收汤，最终使汤形成肉汁。

在煮制过程中，会有部分营养成分随汤汁而流失。因此，煮制过程中汤汁的多寡和利用，与产品质量有一定关系。煮制时加入的汤，根据数量多少，分宽汤和紧汤两种煮制形式。宽汤煮制是将汤加至和肉的平面基本相平或淹没肉体，宽汤煮制方法适用于块大、肉厚的产品。如卤肉等；紧汤煮制时加入的汤应低于肉的平面1/3～1/2，紧汤煮制方法适用于色深、味浓产品，如蜜汁肉、酱汁肉等。许多名优产品都有其独特的操作方法，但一般方法有下面两种。

（1）清煮　又称白煮、白锅。其方法是将整理后的原料肉投入沸水中，不加任何调味料进行烧煮，同时撇除血沫、浮油、杂物等，然后把肉捞出，除去肉汤中杂质。在肉汤中不加任何调味料，只是清水煮制，也紧水、出水、白锅。清煮作为一种辅助性的煮制工序，其目的是消除原料肉中的某些不良气味。清煮后的肉汤称白汤，通常作为红烧时的汤汁基础再使用，但清煮下水（如肚、肠、肝等）的白汤除外。

（2）红烧　又称红锅、酱制，是制品加工的关键工序，起决定性的作用。其方法是将清煮后的肉料放入加有各种调味料的汤汁中进行烧煮，不仅使制品加热至熟，而且产生自身独特的风味。红烧的时间应随产品和肉质不同而异，一般为数小时。红烧后剩余汤汁称红汤或老汤，应妥善保存，待以后继续使用。存放时应装入带盖的容器中，减少污染。长期不用时要定期烧沸或冷冻保藏，以防变质。红汤由于不断使用，其成分与性能必定已经发生变化，使用过程中要根据其变化情况酌情调整配料，以稳定产品质量。

在煮制过程中，根据火焰的大小强弱和锅内汤汁情况，可将火候分为旺火、中火和微火三种。旺火（又称大火、急火、武火）火焰高强而稳定，锅内汤汁剧烈沸腾；中火（又称温火、文火）火焰低弱而摇晃，一般锅中间部位汤汁沸腾，但不强烈；微火（又称小火）火焰很弱而摇摆不定，勉强保持火焰不灭，锅内汤汁微沸或缓缓冒泡。

酱卤制品煮制过程中除个别品种外，一般早期使用旺火，中后期使用中火和微火。旺火烧煮时间通常比较短，其作用是将汤汁烧沸，使原料肉初步煮熟。中火和微火烧煮时间一般比较长，其作用可使肉在煮熟的的基础上和变得酥润可口，同时使配料渗入内部，达到内外品味一致的目的。

有的产品在加入砂糖后，往往再用旺火，其目的在于使砂糖熔化。卤制内脏时，由于口味要求和原料鲜嫩的特点，在加热过程中，自始至终要用文火煮制。

三、 夹层锅的操作

（1）蒸汽进入容器前，应先将直嘴排气阀打开。

（2）打开截止阀使蒸汽量由小到大排出容器中的空气，再将直嘴排气阀关闭。

（3）工作压力小于2.94MPa。

（4）经常检查安全阀门和压力表，失灵时及时更换。

（5）操作者不能随意调整安全阀。

（6）压力容器由指定的人员修理。

（7）生产时应注意压力表的读数。

（8）工作结束后关闭截止阀。

任务二 | 风干肠加工

一、 背景知识

风干肠属于中式发酵肉制品，历史悠久，驰名中外，原产于1910年哈尔滨正阳楼，于1956年在全国食品展览会上获得盛名，被评为全国推广产品，1979年被评为商业部优质产品和省市优质产品，有咸风干肠和甜风干肠之分。风干肠由于属于发酵肉制品，利用乳酸菌自然发酵而成，在加工过程中对原辅材料质量要求要高于市场上其他产品，同时对外部生产环境要严格控制。

二、 实训目的

（1）能独立完成风干肠加工操作技术。

（2）学会风干肠传统配方的设计。

（3）能够认知风干肠产品中常用的香辛料。

（4）能正确使用干燥设备。

（5）掌握风干肠生产工艺。
（6）掌握风干肠发酵原理。
（7）熟悉风干肠调味方法。

三、 主要原料与设备

（一）原料

猪精肉、猪肥膘、食盐、香辛料等。

（二）设备

刀具、刀棍、白线绳、排气针、案板、食品箱、不锈钢盆、电子秤、天平、挂肠架、挂肠杆、绞肉机、拌馅机、灌肠机、烘烤炉、蒸煮炉。

四、 风干肠加工技术

（一）工艺流程

生产前准备工作→原料肉处理→绞肉→制馅→充填→风干→捆把→发酵→蒸煮→成品

（二）操作要点

1. 生产前准备工作
（1）原辅材料准备
①根据生产计划，填写领料单，领料出库。
②原料肉如果是冷冻肉，进行缓化处理（理想肉原为冷鲜肉）。
（2）设备准备
①生产前对设备（绞肉机、拌馅机、灌肠机、烘干炉）的安全状况进行调试预检，保证设备运行良好。
②清洗：先用90℃以上热水对设备进行清洗，再用冷水对设备进行降温。
（3）肠衣准备
①选肠衣：选用天然猪肠衣作为灌制肠衣。
②冲水：肠衣用自来水冲洗三遍，洗去肠衣表面的浮盐、污物。
③浸泡：用30℃左右温水在清洗肠衣两次后，浸泡30min。
④串水：肠衣在浸泡过程中做串水处理，即将肠衣内壁用清水进行清洗。
（4）配料　按照配方及生产要求进行配料（表2－4），亚硝酸钠单独称量。

表 2-4　　风干肠配方

名称	数量/kg	名称	数量/kg
猪精肉	85	砂仁粉	0.05
猪肥膘	15	肉蔻粉	0.05
食盐	1.2	桂皮粉	0.12
亚硝酸钠	0.01	丁香粉	0.01
白砂糖	1	鲜姜	2
味精	0.2	白酒	2

2. 原料肉处理

选取合格的猪精肉及猪肥膘，既可选用Ⅱ号猪精肉，也可选用Ⅳ号猪精肉，随原料选取不同，配方要做出相应调整。去除碎骨、血管、淋巴、筋膜等杂物。猪精肉、肥膘切成 150~200g 肉块备用。

3. 绞肉

传统工艺中猪精肉采用手工切块，现代工艺中猪精肉用 12mm 孔板绞肉机绞制、肥肉切成 7mm 方丁，肉丁经 90℃ 热水浸烫两次后，用冷水降温至 10℃ 以下。鲜姜用斩拌机斩成小颗粒状。

4. 制馅

将猪精肉、肥肉丁、混匀辅料、姜末、亚硝酸钠（用白酒溶解）、曲子酒，倒入拌馅机，搅拌 2~3min，拌匀即可。

5. 充填

将制好的肉馅灌入六路猪肠衣内或胶原蛋白肠衣内（饱和度适中），在 35~37cm 处系绳或打节。用排气针排气、穿杆、挂架，冷水喷淋。

6. 风干

将挂肠车推入风干炉进行第一轮干燥，炉内温度控制在 50℃ 左右，风干约 60min，放凉回潮至室温后，开启第二轮干燥，炉内温度控制在 45℃ 左右，风干约 60min，再放凉回潮至室温后，开启第三轮干燥，炉内温度控制在 38℃ 左右，风干 8~10h。

7. 捆把

每 8~10 根干肠捆成一把，每把干肠捆三道绳即可。

8. 发酵

将捆好把的干肠放在阴凉、湿度合适场所，相对湿度为 75% 左右，发酵时间 10~15d。

注意：湿度过低易导致肠体发生流油、食盐析出等现象；湿度过大易导致肠体发生吸水现象，影响产品品质。

发酵成熟过程产生的变化：在发酵过程中，水分进一步少量蒸发，同时在肉中自身酶及微生物作用下，肠馅又进一步发生一些复杂的生物化学变化，蛋白质与脂肪发生分解，产生风味物质，并使之和所加入的调味料互相弥合，使制品形成独特风味。

9. 蒸煮

风干肠在出售前应进行蒸煮，蒸煮前要用温水冲洗一次，洗刷掉肠体表面的灰尘和污物。将风干肠投入蒸煮设备中，蒸煮温度控制在90℃，蒸煮15min即可，出炉晾凉即为成品。

五、 成品评定

（1）感官指标　色泽瘦肉呈红褐色，脂肪呈乳白色，切面有少量棕色调料点。

（2）组织状态　肠体质干，无弹性，有粗皱纹，肉丁突出，肠型扁圆，粗细均匀，直径不大于2cm。

（3）味道　具有独特的清香风味，味美适口，越嚼越香，久吃不腻、食后留有余香；易于保管，携带方便。

一、 食品中的调味

（一）调味原理

调味是将各种呈味物质在一定条件下进行调试组合，产生新味。人们常说“酸、甜、苦、辣、咸”五味俱全，实际上绝大多数情况下人们尝到的都是一种复合味道。味的组合千变万化，但万变不离其宗。调好酸、甜、苦、咸、鲜，就能调出美味佳肴。大味必巧，巧而无痕，只有掌握好调味的基本原理，并充分运用味的组合原则和规律，才能够调出人人喜爱的好味道。其过程应遵循以下原理。

1. 味强化原理

味强化原理是指加入一种味会使另一种味得到一定程度的增强。这两种味道可以是相同的，也可以是不同的，而且同味强化的结果有时会远远大于两种味感的叠加，即1+1>2。如0.1%谷蛋白大聚合体（GMP）水溶液并无明显鲜味，但加入等量的1%谷氨酸钠（MSG）水溶液后，则鲜味明显突出，且大幅度地超过1% MSG水溶液原有的鲜度。若再加入少量的琥珀酸或柠檬酸，效果更明显。又如在100mL水中加入15g的糖，再加入17mg的盐，会感到甜味比不加盐时要甜。

2. 味掩蔽原理

味掩蔽原理即一种味的加入，而使另一种味的强度减弱，乃至消失。如鲜味、甜味可以掩盖苦味，姜、葱味可以掩盖腥味等。味掩盖有时是有益无害的，如辛香料的应用。掩盖不是相抵，在口味上虽然有相抵作用，其实被“抵”物质仍然存在。

3. 味派生原理

两种味的混合，会产生出第三种味。如豆腥味与焦苦味结合，能够产生肉鲜味。

4. 味干涉原理

一种味的加入，会使另一种味失真。如菠萝味或草莓味能使红茶变得苦涩。

5. 味反应原理

食品的一些物理或化学状态还会使人们的味感发生变化。如食品黏稠度、醇厚度能增强味感，细腻的食品可以美化口感，pH 小于 3 的食品，鲜度会下降。这种反应有的是感受现象，原味的成分并未改变。例如，黏度高的食品是由于延长了食品在口腔内黏着的时间，以致舌上的味蕾对滋味的感觉持续时间也被延长，这样当前一口食品的呈味感受尚未消失时，后一口食品又触到味蕾，从而产生一个接近处于连续状态的美味感；醇厚是食品中的鲜味成分多，并含有肽类化合物及芳香类物质所形成的，从而可以留下良好的厚味。

（二）调味方法

由于食品的种类不同，往往需要各自进行独特的调味，同时，用量和使用方法也各不相同。因此，只有调理得当，调味的效果才能充分发挥。首先应确定复合调味品的风味特点，即调味品的主体味道轮廓，再根据原有调味料的香味强度，并考虑加工过程产生香味的因素，在成本范围内确定出相应的使用量。这类原料包括主料和增强香味的辅料，故掩盖异味也能达到增强主体香味的效果。其次是确定香辛料组分的香味平衡，一般来说，主体香味越淡，需加的香辛料越少，并依据其香味强度、浓淡程度对主体香味进行修饰。比如设计一种烤制汁，它的风味特点是酱油中酱的香气与姜、蒜等的辛辣味相配，既不能掩盖肉的美味，同时还要将这种美味进一步升华，增加味的厚度，消除肉腥。在此基础上，为了尽可能地拓展味的宽度，还要根据使用对象即肉的种类做出不同选择，比如适度增加甜味等特殊风味；另外，还要根据是烤前用还烤后用在原料上作出调整，如烤前用，则不必在味道的整体配合及宽度上下工夫，只着重于加味及消除肉腥即可；如果是烤后用，则必须顾及味的整体效果。有了整体思路后，剩下的便是调味过程了。调味过程以及味的整体效果主要与选用的原料有重要的关系，还与原料的搭配即配方和加工工艺有关。由此可见，调味是一个非常复杂的过程，它是动态的，随着时间的延长，味还有变化。尽管如此，调味还是有规律可循的，只要了解了味的相加、味的相减、味的相乘和味的相除，并在调味中知道了它们的关系，再了解了原料的性能，然后运用调味公式就会调出成千上万的味汁，最终再通过试验确定配方。

（三）调味原则

1. 基本味和复合味

基本味又称单一味，指只一种味觉的反应。包括酸、甜、苦、辣、咸、鲜、涩七种味道。

复合味指两种以上的味觉反应。例如，酱油、醋、辣豆瓣等的味道。

（1）咸味

特点：在加工中是能独立成味的，是基本味中的主味。

掌握原则：调味中掌握的原则“咸而不减”。

代表调味品：精盐、酱油。

（2）甜味

特点：甜味也是能独立成味的，运用较广泛。

掌握原则：单纯表现甜味做到“甘而不浓”；和味要表现调味感，做到恰如其分；调和诸味，增浓复合味感，不表现甜味。

代表调味品：白糖、冰糖、蜂蜜、饴糖等。

（3）酸味

特点：不能独立成味，需在咸味的基础上调制复合。

掌握原则：做到“酸而不酷”。

代表调味品：果酸、柠檬酸、醋等。

（4）鲜味

特点：鲜。

掌握原则：在咸味的基础上才能更好的表现。

代表调味品：味精、鸡精、牛肉精、鱼露、蚝油等。

（5）苦味

特点：清香的苦味或芳香的嗅觉味。

掌握原则：力求突出清香的苦味和芳香。

代表原料：苦瓜、苦笋、陈皮等。

2. 调味的基本原则

（1）根据消费者口味，相宜调味。

（2）按照加工技术要求，准确调味。

（3）要掌握调味品的特点，适当调味。

（4）根据原料性质准确调味。

（5）要适宜各地不同的口味，相宜调味。

（6）要结合季节的变化，因时调味。

总体原则是根据遵循“君、臣、佐、使”的调味思想，做到在不失主料风味特色的情况下“适口者佳”。

配制香辛料时要根据肉的特点进行配制，若肉本身的异味较浓，大料、花椒、草果、白芷就要多加入一些，可以突出肉本身的香气，形成自身的特点。例如，要做五香卤鹅，配料中大料、肉桂、花椒为“君”，也就是产品的主味；丁香、小茴香为“臣”，是产品的次味；草果、白芷谓之“佐”，是为了去除肉本身的腥味，起辅助作用；“使”在配方中的作用是调和之效，一般加入甘草，比例依次减小，这样五香味就很突出了。

二、调味料包的制作

将所用香辛料粗粉碎后，装入料包袋（料包袋材质选用结实的纱布），将各种香料装入料袋，料包袋质量1～2kg，用线绳将料袋口扎紧。最好在原料未入锅前，将料袋投入锅中煮沸，使香辛料成分在汤中充分溶出后，再投入原料卤酱。料袋中所有香料可使用2～3次，然后以新换旧，逐步淘汰，根据实际情况调入辅料。

任务三 | 肉粉肠加工

一、背景知识

肉粉肠属于中式常温肉制品，历史悠久，传承近百年。肉粉肠研制初衷是为了处理生产高档肉制品剩余下脚料，由于当时生猪饲养周期长，肥肉量比较大，正常情况下肉食工厂处理不了，进而利用肥肉和绿豆淀粉开发生产了该产品，研制之初该产品名称为粉肠。随着中国经济发展，生猪饲养周期缩短，瘦肉率提高，同时人们生活水平提高，营养需求理念发生变化，现代的粉肠配方进行了调整，提高了猪瘦肉含量，名称自然转变成了肉粉肠，营养丰富，消暑解毒，是四季佳肴。

二、实训目的

（1）能独立完成肉粉肠加工操作技术。

（2）学会肉粉肠传统配方的设计。

（3）能够认知绿豆淀粉、香油质量好坏。

（4）能正确使用蒸煮设备、糖熏设备。

（5）掌握肉粉肠生产工艺。

(6) 掌握肉粉肠拌馅原理。

(7) 熟悉肉粉肠调味方法。

三、 主要原料与设备

(一) 原料

猪精肉、猪脂肪、绿豆粉、食用盐、饮用水、香辛料等。

(二) 设备

刀具、刀棍、白线绳、排气针、操作台、食品箱、不锈钢盆、电子秤、天平、绞肉机、斩拌机、拌馅机、灌肠机、夹层锅、烟熏锅、不锈钢帘子。

四、 肉粉肠加工技术

(一) 工艺流程

生产前准备工作→原料肉处理→绞肉→斩葱姜→制馅→充填→冲水→煮制→糖熏→成品

(二) 操作要点

1. 生产前准备工作

(1) 原辅材料准备

①根据生产计划，填写领料单，领料出库。

②原料肉如果是冷冻肉，进行缓化处理。

(2) 设备准备

①生产前对设备（绞肉机、拌馅机、斩拌机、灌肠机、夹层锅、糖熏炉）的安全状况进行调试预检，保证设备运行良好。

②清洗：先用90℃以上热水对设备进行清洗，然后用冷水对设备进行降温。

(3) 肠衣准备

①选肠衣：选用天然八路猪肠衣作为灌制肠衣。

②冲水：肠衣用自来水冲洗三遍，洗去肠衣表面的浮盐、污物。

③浸泡：用30℃左右温水在清洗肠衣两次后，浸泡30min。

④串水：肠衣在浸泡过程中做串水处理，即将肠衣内壁用清水进行清洗。

(4) 配料　按照配方及生产要求进行配料（表2-5），配料顺序为一要配盐、二要配磷酸盐，香油、大葱、鲜姜单独配制。

2. 原料肉处理

通常选用检验合格的Ⅱ号猪精肉、猪肥膘肉，去除猪毛、碎骨、淋巴等杂物，分割成200g左右肉块。

表 2－5 肉粉肠配方

名称	数量/kg	名称	数量/kg
猪精肉	55	花椒粉	0.2
食盐	3.2	鲜姜	2
味精	0.5	绿豆粉	30
大葱	4	白砂糖	1
水	56	亚硝酸钠	0.002
猪脂肪	15	香油	1
磷酸盐	0.4		

3. 绞肉

猪肉、肥膘分别用5mm孔板绞肉机分别绞制。

4. 斩葱、姜

葱选用东北大葱，姜要选用新姜。将已洗净、称量的葱、姜投入斩拌机斩成碎末。

5. 制馅

将绞好的猪肉投入拌馅机，加入盐、糖、磷酸盐、味精等混匀辅料，凉水（水分3次陆续加入），大约拌合3～5min，加入肥膘、绿豆粉、葱、姜、香油拌合均匀即可。

6. 充填

选用质量优良的天然八路猪肠衣，可以手工，利用漏斗灌制，也可用灌肠机灌制。灌制量控制在肠衣容量的80%为宜。

7. 打结

灌制粉肠约80cm长度用白线绳结扣系环，在结扣前注意排气泡。

8. 冲水

灌制好的粉肠，用清水洗去表面污物。同时要不停的揉搓粉肠，以防止绿豆淀粉沉淀。

9. 煮制

在夹层锅内煮制粉肠，沸水下锅，若肠体内有气泡，用较细的缝衣针排气，同时轻轻搅动锅内粉肠。待锅内粉肠80%漂起，小火加热，计时约30min。

10. 糖熏

粉肠排潮后，在糖熏锅内糖熏，通过焦糖化和美拉德反应，使粉肠表面产生棕黄色颜色。

五、 成品评定

（1）颜色　表面黄褐色或棕黄色。

（2）形状 表面光亮无皱纹，环形，质量600～700g/环。

（3）风味 熏香浓郁、肉香突出。

一、 绿豆淀粉

绿豆淀粉有干绿豆淀粉和湿绿豆淀粉之分，干绿豆淀粉保存方便，湿绿豆淀粉性能好于干绿豆淀粉。干绿豆淀粉在脱水过程中有一定的氧化，现在制作哈尔滨粉肠的多数工厂使用湿绿豆淀粉。一份干绿豆淀粉相当于三份湿绿豆淀粉的含粉量。绿豆淀粉由绿豆用水浸涨磨碎后，绿豆淀粉沉淀而成的。

特点：黏性足，吸水性小，颜色洁白而有光泽。

制作工艺如下：

1. 烫浸

将经过挑选的绿豆洗净，去除杂质，先用开水浸烫一下，再放入35～45℃的温水中浸泡6～10h，直到用手捏挤时豆皮能剥离、豆肉也易粉碎时为止。水温控制采用添加冷、热水调节。

2. 磨浆

在浸泡好的豆子中加4～5倍水进行磨浆。加水时要均匀，使粉碎的颗粒大小一致。

3. 过滤

用80目以上的筛子过滤，使淀粉浆与豆皮、豆渣分离。过滤时，可加入少量食用油搅拌，以除去泡沫。豆渣滤出后要用水冲洗3～4遍，以全部回收其中的淀粉。

4. 分离

因淀粉浆是淀粉、蛋白质与水的混合物，它们密度不同，故可利用沉淀方法加以分离。淀粉沉于容器底部后，将上层含蛋白质的水放出，再加入清水进行二次沉淀，即得淀粉。

5. 干燥

将容器上部的水放走后，取出淀粉糊用滤布滤去水分，晒（烘）干即可。

二、 原料肉的鲜度检验

（一）肉与肉制品取样方法

1. 肉

（1）鲜肉 若成堆产品，则在堆放空间的四角和中间设采样点，每点从上、中、下三层取若干小块混为一份样品；若零散产品，则随机从3~5片胴体上取若干小块混为一份样品，每份500~1500g。

（2）冻肉　小包装冻肉同批同质随机取3~5包混合，总量不得少于1000g。冻片肉取样方法参见鲜肉取样方法。

2. 肉制品

（1）大片肉　参见鲜肉取样方法。

（2）每件500g以上的产品　同批同质随机从3~5件上取若干小块混合，共500~1500g。

（3）每件500g以下的产品　同批同质随机取3~5件混合，总量不得少于1000g。

（4）小块碎肉　从堆放平面的四角和中间取样混合，共500~1500g。

3. 食用动物油脂

（1）每件500g以上的包装　同批同质随机在3~5个包装上设采样点，每个点从上、中、下三层取样，混合，共500~1500g。

（2）每件500g以下的包装　参见肉制品取样方法。

（二）肉的新鲜度测定

1. 感官检查法

（1）仪器用具　检肉刀1把，手术刀1把，外科剪刀1把，温度计1支，100mL量筒1个，200mL烧杯3个，表面皿1个，酒精灯1个，石棉网1个，上皿天平1台，电炉1个。

（2）检查方法

①用视觉在自然光线下，观察肉的表面及脂肪色泽，有无污染附着物，用刀顺肌纤维方向切开，观察断面的颜色。

②用嗅觉在常温下嗅其气味。

③用食指按压肉表面，触感其硬度、指压凹陷恢复情况、表面干湿及是否发黏。

④称取切碎肉样20g，放在烧杯中加水100mL，盖上表面皿置于电炉上加热至50~60℃时，取下表面皿，嗅其气味，然后将肉样煮沸，静置观察肉汤的透明度及表面的脂肪滴情况。

（3）评定标准　参照《GB/T 12516—1990 肉新鲜度测定》的规定进行评定。

2. 细菌镜检

（1）仪器与药品　载片，载片夹，染色液，吸墨纸，二重瓶，擦镜纸，显微镜，手术刀。

（2）检查方法　每个肉样分别在表层、浅层（用灭菌手术刀在表面切去0.1~1mm厚肉片，在新表面上触片）、深层（同样切去3~3.5mm厚肉片）作触片，自然干燥，酒精打上固定，进行革兰氏或美蓝染色水洗、吸干、镜检。每个触片观察五个视野。计算每个视野杆菌球菌的平均数。

（3）评定标准

①新鲜肉（一级鲜肉）：触片上不留痕迹，着色不明显，表层触片有少量球菌和杆菌，深层触片无菌。

②次鲜肉（二级鲜肉）：触片留有痕迹，着色明显，表层触片有20～30个球菌杆菌，深层触片有几个细菌，腐败肉触片黏有大的组织分解物，高度浓染。浅层有30个以上细菌或不可计数，并且杆菌占优势；深层有30多个细菌。

3. 肉的理化检查

（1）制备肉浸液　从被检肉样表层和深层取1小块肉20～30g，除去脂肪和筋腱，然后用组织捣碎机搅碎和切碎。称取10g碎肉放置于250mL烧杯中，加入预煮蒸馏水100mL，静置30min，每隔5min用玻棒搅拌一次，然后用滤纸过滤至100mL的三角瓶中备用。

（2）pH测定

①原理：测定浸没在肉和肉制品试样中的玻璃电极和参比电极之间的电位差。

②试剂：95%乙醇（GB/T 679—2002）、乙醚（HG3—1002）：用蒸馏水，或相当纯度的水饱和。

③设备：

a. pH计。精确度为0.05个pH单位。仪器应有温度补偿系统，并能防止外界感应电流的影响。

b. 玻璃电极。各种形状的玻璃电极都可以用。玻璃电极的膜应浸在水中保存。

c. 参比电极。例如含有饱和氯化钾溶液的甘汞电极或氯化银电极。一般将其浸入饱和氯化钾溶液中保存。

注：参比电极和玻璃电极也可以组装成复合电极，一般将其浸入蒸馏水中保存。

d. 绞肉机。孔径不超过4mm。

④试样：按肉与肉制品取样方法取样，至少取有代表性的试样200g，立即测定pH，或以适当的方法保存试样，要保证其pH变化控制在最小限度之内。

⑤需均质化试样的分析步骤：

a. 试样的制备。试样须两次通过绞肉机，混匀以达到均质化。如非常干燥的试样，可以在实验室混合器内加等质量的水进行均质。

b. pH计的校正。用已知pH的缓冲溶液（尽可能接近待测溶液的pH，见附注），在测定温度下校正pH计。

c. 测定。取一定量足以浸没或埋置电极的试样，将电极插入试样中，采用适合于所用pH计的步骤进行测定。同一个试样进行三次测定，读数精确到0.05

个 pH 单位。

d. 电极的清洗。用脱脂棉先后醮乙醚和乙醇擦拭电极，最后用水冲洗并保存电极。

e. 分析结果的计算。当分析结果符合允许差的要求时，则取三次测定的算术平均值作为结果。精确到 0.1 个 pH 单位。

f. 允许差。由同一分析者同时或相继进行的三次测定结果之差不得超过 0.15 个 pH 单位。

⑥非均质化试样的分析步骤：

a. pH 计的校正。用已知 pH 的缓冲溶液（尽可能接近待测溶液的 pH，见附注），在测定温度下校正 pH 计。

b. 测定。取足以供测定几个点的 pH 的试样。如试样组织坚硬，可在每个测定点上打一个孔，使玻璃电极不致破损。将电极插入试样中，采用适合于所用 pH 计的步骤进行测定。在同一点上重复测定。必要时可在不同点上重复测定，测定点的数目随试样的性质和大小而定。

c. 电极的清洗。用脱脂棉先后醮乙醚和乙醇擦拭电极，最后用水冲洗并保存电极。

d. 分析结果的计算。当分析结果符合允许差的要求时，则取同一点上得到二个测定值的算术平均值作为结果。报告每一个点上的平均 pH，精确到 0.1 个 pH 单位。

e. 允许差。在同一点上得到二个值之差不得超过 0.15 个 pH 单位。

附注：标准缓冲溶液的配制，可以用下列的缓冲溶液来校正。所用试剂均为分析纯，所用水为蒸馏水或相当纯度的水。

20℃时，pH4.00 的缓冲溶液制备如下：称取苯二甲酸氢钾［$KHC_6H_4(COO)_2$］10.211g，预先在 125℃烘干至质量恒定，溶于水中，稀释至 1000mL。该溶液的 pH 在 10℃时为 4.00，而在 30℃时为 4.01。

20℃时，pH5.45 的缓冲溶液制备如下：取 0.2mol/L 柠檬酸水溶液 500mL 和 0.2mol/L 氢氧化钠水溶液 375mL 混匀。该溶液的 pH 在 10℃时为 5.42，而在 30℃时为 5.48。

20℃时，pH6.88 的缓冲溶液制备如下：称取磷酸二氢钾（KH_2PO_4）3.402g 和磷酸氢二钠（Na_2HPO_4）3.549g，溶解于水中，稀释至 1000mL。该溶液的 pH 在 10℃时为 6.92，而在 30℃时为 6.85。

⑦评定标准：鲜肉 pH5.9～6.5；次鲜肉 pH6.6～6.7；腐败肉 pH6.7 以上。

（3）氨的测定

①仪器与试药：试管 2 支，1mL 吸管 2 支，奈斯勒氏试剂，试管架一个。

②操作方法：取 2 支试管放在试管架上，吸取 1mL 肉浸液注入第一支试管中，吸取 1mL 蒸馏水注入第二支试管中（对照），再向二个试管中，各加 1～10

滴奈斯勒试剂，边滴边摇动试管，观察滴数、颜色变化及透明情况，按表2-6进行判定。

表2-6 肉品质对照表

试剂滴数	氨含量/（mg/100g）	现象	评定符号	肉的品质
10滴	16以下	颜色及透明度无变化	- - -	新鲜肉
10滴	16~20	呈现透明黄色	+ -	说明肉已经开始腐败，但有时没有感官的腐败象征，此种肉应迅速利用
10滴	21~30	呈现黄色，混浊	+	同上
6~10滴	31~45	呈现淡黄色混浊，出现少量的沉淀	+ +	有条件的可利用，但此种肉必须处理后方能食用
1~5滴	45以上	析出大量的黄色或橙色的沉淀	+ + +	此种肉禁止食用

注：氨与四碘二价汞酸钾在碱性环境中发生反应而产生碘化二亚汞铵化合物为黄色沉淀。肉浸出液中氨和铵盐越多，则肉浸出液的黄色越浓，沉淀物越多，其反应式如下：

（1）$2(Hg_2I_2 \cdot 2KI) + 3KOH + NH_4 \rightarrow O{<}^{Hg}_{Hg}{>}NH_2I + 3H_2O + 7KI$

（2）$2(HgI_2 \cdot 2KI) + 4KOH + NH_4 \rightarrow O{<}^{Hg}_{Hg}{>}NH_2I + 3H_2O + 7KI + K$

碘化二汞铵

（4）挥发性盐基氮的测定

①半微量定氮法：

a. 原理。挥发性盐基氮是指动物性食品由于酶和细菌的作用，在腐败过程中，使蛋白质分解而产生氨以及胺类等碱性含氮物质。此类物质具有挥发性，在碱性溶液中蒸出后，用标准酸滴定计算含量。

b. 试剂。氧化镁混悬液（10g/L）：称取1.0g氧化镁，加100mL水，振摇成混悬液；硼酸吸收液（20g/L）；盐酸［c（HCl）=0.010mol/L］或硫酸［c（$1/2H_2SO_4$）=0.010mol/L］的标准滴定溶液；甲基红－乙醇指示剂（2g/L）；次甲基蓝指示剂（1g/L）；临用时将上述两种指示液等量混合为混合指示液。

c. 仪器。半微量定氮器，微量滴定管（最小分度0.01mL）。

d. 分析步骤。

样品处理：将样品除去脂肪、骨及有腱后，粉碎搅匀，称取约10.00g，置于锥形瓶中，加100mL水，不时振摇，浸渍30min后过滤，滤液置冰箱备用。

蒸馏滴定：将盛有10mL吸收液及5~6滴混合指示液的锥形瓶置于冷凝管下

端，并使其下端插入吸收液的液面下，准确吸取 5.0mL 上述样品滤液于蒸馏器反应室内，加 5mL 氧化镁混悬液（10g/L），迅速盖塞，并加水以防漏气，通入蒸汽，进行蒸馏，蒸馏 5min 即停止，吸收液用盐酸标准滴定溶液（0.0100mol/L）或硫酸标准滴定溶液滴定，终点至蓝紫色。同时做试剂空白试验。

e. 计算。

$$X_1 = \frac{(V_1 - V_2) \times c_1 \times 14}{m_1 \times 5/100} \times 100$$

式中 X_1——样品中挥发性盐基氮的含量，mg/100g

V_1——测定用样液消耗盐酸或硫酸标准溶液体积，mL

V_2——试剂空白消耗盐酸或硫酸标准溶液体积，mL

c_1——盐酸或硫酸标准溶液的实际浓度，mol/L

14——与 1.00mL 盐酸标准滴定溶液［c（HCl）=1.000mol/L］或硫酸标准滴定溶液［c（$1/2H_2SO_4$）=1.000mol/L］相当氮的质量，mg

m_1——样品质量，g

结果的表述：报告算术平均值的三位有效数。

f. 允许差：相对偏差≤10%。

②微量扩散法：

a. 原理。挥发性含氮物质可在 37℃ 碱性溶液中释出，挥发后吸收于吸收液中，用标准酸滴定，计算含量。

b. 试剂。饱和碳酸钾溶液：称取 50g 碳酸钾，加 50mL 水，微加热助溶，使用上清液；水溶性胶：称取 10g 阿拉伯胶，加 10mL 水，再加 5mL 甘油及 5g 无水碳酸钾（或无水碳酸钠），研匀；吸收液、混合指示液、盐酸或硫酸标准滴定溶液（0.010mol/L）分别同半微量定氮法。

c. 仪器。扩散皿（标准型）：玻璃质，内外室总直径 61mm，内室直径 35mm；外室深度 10mm，内室深度 5mm；外室壁厚 3mm，内室壁厚 2.5mm，加磨砂厚玻璃盖，微量滴定管（最小分度 0.01mL）。

d. 分析步骤。将水溶性胶涂于扩散皿的边缘，在皿中央内室加入 1mL 吸收液及 1 滴混合指示液。在皿外室一侧加入 1.00mL 按半微量定氮法制备的样液，另一侧加入 1mL 饱和碳酸钾溶液，注意勿使两液接触，立即盖好；密封后将皿于桌面上轻轻转动，使样液与碱液混合，然后于 37℃ 温箱内放置 2h，揭去盖，用盐酸或硫酸标准滴定溶液（0.100mol/L）滴定，终点呈蓝紫色。同时做试剂空白试验。

e. 计算。

$$X_1 = \frac{(V_1 - V_2) \times c_1 \times 14}{m_1 \times 1/100} \times 100$$

式中 X_1——样品中挥发性盐基氮的含量，mg/100g

V_1——测定用样液消耗盐酸或硫酸标准溶液体积，mL

V_2——试剂空白消耗盐酸或硫酸标准溶液体积，mL

c_1——盐酸或硫酸标准溶液的实际浓度，mol/L

14——与1.00mL盐酸标准滴定溶液［c（HCl）=1.000mol/L］或硫酸标准滴定溶液［c（1/2H_2SO_4）=1.000mol/L］相当氮的质量，mg

m_1——样品质量，g

结果的表述：报告算术平均值的三位有效数。

f. 允许差。相对偏差≤10%。

③评定标准：参照GB 2707—2005～2724—2005

挥发性盐基氮≤20mg/100g。

任务四 | 松仁小肚加工

一、背景知识

松仁小肚属于中式常温肉制品，生产历史悠久，传承百年，配料考究，因其馅料中含有松仁，灌入猪小肚皮（膀胱皮）中而得名。20世纪50年代初，松仁小肚属于正阳楼、“哈肉联”名品，配料以去筋膜精瘦肉为主，淀粉采用湿绿豆淀粉，辅以大葱、鲜姜、松仁、香油、花椒粉，营养丰富，消暑解毒，是哈尔滨人的佐酒佳肴。由于松仁小肚熟制后，采用白糖熏制，水分活度偏高，非包装产品保质期较短，常温放置超不过3天。

二、实训目的

（1）能独立完成松仁小肚加工操作技术。

（2）学会松仁小肚传统配方的设计。

（3）能够认知绿豆淀粉、香油质量好坏。

（4）能正确使用蒸煮设备、糖熏设备。

（5）掌握松仁小肚生产工艺。

（6）掌握松仁小肚拌馅原理。

（7）熟悉松仁小肚调味方法。

三、主要原料与设备

（一）原料

猪精肉、松仁、绿豆粉、食盐、饮用水、香油等。

（二）设备

刀具、刀棍、白线绳、排气针、案板、食品箱、不锈钢盆、电子秤、天平、缝包针、切片机、拌馅机、灌肠机、夹层锅、烟熏锅，不锈钢帘子。

四、松仁小肚加工技术

（一）工艺流程

生产前准备工作→原料肉处理→切片→斩葱姜→制馅→充填→封口→冲水→煮制→糖熏→成品

（二）操作要点

1. 生产前准备工作

（1）原辅材料准备

①根据生产计划，填写领料单，领料出库。

②原料肉如果是冷冻肉，进行缓化处理。

（2）设备准备

①生产前对设备（切片机、拌馅机、斩拌机、灌肠机、夹层锅、糖熏炉）的安全状况进行调试预检，保证设备运行良好。

②清洗：先用90℃以上热水对设备进行清洗，然后用冷水对设备进行降温。

（3）肚皮准备

①选肚皮：选取大小适中的猪膀胱皮，无沙眼、无漏洞。

②冲水：肚皮用自来水冲洗三遍，洗去肚皮表面的浮盐、污物。

③浸泡：用35℃左右温水在清洗肚皮二次后，浸泡60min。

④吹肚皮：用气泵将猪肚皮吹薄，割去肚头。

⑤清洗：用35℃左右温水在清洗肚皮内壁。

（4）配料

按照配方及生产要求进行配料（表2－7），配料顺序为一配盐、二配磷酸盐。

表2－7　松仁小肚配方

名称	数量/kg	名称	数量/kg
猪精肉	55	花椒粉	0.2
食盐	3.1	鲜姜	2
味精	0.5	水	55
大葱	4	白砂糖	1
绿豆粉	30	亚硝酸钠	0.002
磷酸盐	0.4	香油	1
		松仁	0.5

2. 原料肉处理

检验合格的Ⅱ、Ⅲ、Ⅳ号猪精肉皆可以作为松仁小肚的原料肉，去除猪毛、碎骨、淋巴、脂肪等杂物，分割成200g左右肉块。

3. 切片

切片既可以手工操作，也可以采用切片机完成。沿着猪肉纤维顺切成长6～8cm，宽2cm，厚3～4mm的肉片。

4. 斩葱、姜

葱要选用东北大葱，去掉叶子，只选取大葱白，姜尽量选用新鲜姜。将已洗净、称量的葱、姜投入斩拌机斩成碎末。

5. 制馅

将切好的猪肉片投入拌馅机，加入盐、糖、磷酸盐、味精等混匀辅料，凉水（水分3次陆续加入），大约拌合3～5min，加入绿豆粉、松仁、葱、姜、香油拌合均匀即可。

6. 充填

可以手工灌制，也可以机械灌制。灌制肉馅量控制在肚皮容量的80%为宜。

7. 封口

封口可以用缝包针、线绳缝制，也可用竹签穿制。

8. 冲水

灌制好的小肚，用清水洗去表面沾染物。同时要不停揉搓小肚，以防止绿豆淀粉沉淀。

9. 煮制

在夹层锅内煮制小肚，沸水下锅，若小肚内有气泡，用排气针排气，同时轻轻搅动锅内小肚。待锅内小肚80%漂起，小火加热，计时约2h。

10. 熏制

小肚排潮后，在糖熏锅内糖熏，通过焦糖化和美拉德反应，使小肚表面产生棕褐色或黄褐色颜色。

五、成品评定

（1）颜色　表面黄褐色或红褐色。

（2）形状　表面光亮无皱纹，圆形，质量400～500g/个。

（3）风味　熏香浓郁、肉香突出。

一、香油

1. 香油

香油是小磨香油和机制香油的统称，即具有浓郁或显著香味的芝麻油。在加工过程中，芝麻中的特有成分经高温炒料处理后，生成具有特殊香味的物质，致使芝麻油具有独特的香味，有别于其他各种食用油，故称香油。

2. 香油分类

依据加工方法不同，香油分为小磨香油、机制香油和普通香油。

小磨香油简称小磨油，它以芝麻为原料，用水代法加工制取，具有浓郁的独特香味，是良好的调味油。用水代法加工制取小磨香油在我国已有 400 多年历史。按国家标准，分为一级小磨香油和二级小磨香油。

机制香油以芝麻为原料，通过特定的工艺，用机榨制取，具有显著的芝麻油香味，用途与小磨香油相同。按国家标准，分为一级机制香油和二级机制香油。

普通芝麻油俗称大槽麻油。它以芝麻为原料，是用一般压榨法、浸出法或其他方法制取的芝麻油的统称。普通芝麻油的香味清淡，不如小磨香油、机制香油浓郁或显著。一般用作烹调油，也可作为调味油，按国家标准，分为一级普通芝麻油和二级普通芝麻油。

3. 小磨香油和机制香油的区别

（1）出现的年代不同　小磨香油的出现是在明朝初年。芝麻油最初是照明用的燃料，是通过挤压压榨出来的，已经有几千年的历史，现在的机榨技术也非常成熟，每天一台小小的榨油机就可以出 1 吨甚至几吨的产量，虽然出现的比较晚工艺相对复杂，但由于其制作过程的无污染而深受人们的喜爱。

（2）制取的工艺不同　小磨香油采用的是“水代法”生产，是由石磨磨制，石磨磨制过程低温、低压，过程温度仅 60～65℃，所以不会破坏香油中的芳香味物质及功能性营养成分。采用优质饮用水轻松实现油胚分离，取油过程无需添加任何化学溶剂，所以不存在任何化学溶剂残留。同时，水代法生产工艺使对人体有害的重金属因为相对密度大而从香油中沉淀了出来，因此，用这种方法制取的香油是完全健康的。

机制香油的生产过程易产生高温、高压，过程温度高达 260℃，香油中芳香味物质及功能性营养成分被完全破坏。一般采用六号溶剂（轻汽油）浸提残渣提高出油率，所以存在化学溶剂残留。

二、 绞肉

（一）绞肉的作用

绞肉是指利用机械力克服肉类内部的凝聚力，将其破碎成大小、粗细、形状等符合要求的块、片、条、粒或糊糜状的加工过程。其主要作用有：

（1）食品本身的要求，以符合消费的需要，如牛肉干、猪肉脯。

（2）增加物料表面积，以利于水分增发，如肉干。

（3）便于加工中原料与辅料中各种成分均匀混合，如原料肉与香料、调味料、食品添加剂等均匀混合，以便充分发挥各种添加剂的作用，改善组织状态与风味，提高产品质量。

（4）增加物料的黏着力与乳化力，如午餐肉。

（二）绞肉机的构造

绞肉机是把已切成肉块的肉绞成碎肉的一种机械，是香肠加工必不可少的机械。经过绞肉机绞出来的肉可消除原料肉种类不同、软硬不同、肌纤维粗细不同等缺陷，使香肠原料均匀，保证其制品质量的重要措施。

绞肉机的构造，由螺杆、刀、孔板（筛板）组成，一般使用三段式绞肉机。所谓三段式是指肉通过三个孔径各异的孔板，在3个孔板之间装有2组刀。

一般绞肉机螺杆转速为150～500r/min，处理肉量为20～600kg/h。

注意：绞肉机孔板和绞刀安装位置合适、松紧适宜，旋转速度平稳。避免由于摩擦生热使肉温提高和由于绞刀钝而把肉挤成糊状。

（三）绞肉机操作规程

（1）操作前先检查机器是否清洁，清洗干净后方可使用。

（2）绞肉前，先将肉剔骨切成小块（细条状），以免损坏机器。

（3）通电开机，待运转正常后，再添加肉块。

（4）添加肉块一定要均匀，多少适量，以免影响电机使用寿命，如发现机器运转不正常，应立即切断电源，停机后检查原因。

（5）如发现漏电，打火等故障，应马上切断电源，找电工修理，不得私自开机修理。

（6）使用完后关闭电源。然后将各部件清洗干净，沥干水后，放于干燥处备用。

（四）绞肉机使用注意事项

（1）螺旋体的推进装置容易将操作人员的手卷进挤伤，所以最好采用连续自动送料或者将进料口做的大一些，高一些，设置防护装置。

（2）绞肉机的进料口漏斗应经常保持满料，切不可使绞肉机空转，否则将损坏板刀。

（3）进入绞肉机的肉料应注意拣净小碎骨及软骨、硬筋，以防板刀眼被堵塞。

（4）绞出的肉不要堆积在板刀的出口处，否则会增加料漏斗自行卸料的阻力。

（5）绞肉机使用时不要超载，绞冻肉或其他硬肉时要先用粗孔眼的板刀绞，再用细孔眼板刀，这样可减少设备的磨损。

三、肠衣

制作和出售火腿、香肠等肉制品时必须进行包装。包装可分成外包装和内包装，外包装主要是使产品与外部隔绝，保持卫生，让消费者了解产品的名称、成分、质量、制造厂家、生产日期等。内包装主要目的是防止产品在制造过程中形状被破坏，保持产品规格化。通常在制造工序的前半部进行。我们把内包装所用的材料通常称作为肠衣。

（一）肠衣的分类

肠衣大体上可分为天然肠衣和人造肠衣。

天然肠衣，主要利用动物内脏中最长的小肠，一般用羊的小肠故又称为羊肠衣，猪小肠作肠衣便称为猪肠衣。过去还用过牛肠和马肠作肠衣。

这些天然肠衣的特点是透气性好，所以对产品进行适当干燥后，进行烟熏，烟熏成分附着在产品上，得到人们喜欢的风味，且肠衣可直接食用。

人造肠衣分为透气性肠衣和非透气性肠衣。透气性肠衣又可分为可食性的和非可食性的肠衣两种，可食性肠衣是以动物的皮等作为原料，其性质和天然肠衣相近似，我们称之为胶原肠衣，其特点是有透气性且可食用。非可食性肠衣主要包括纤维素系列肠衣和玻璃纸，纤维素系列肠衣又可分为纤维素肠衣和纤维状肠衣，这一类肠衣的特点是有透气性但不可食用。目前还有一种非可食性肠衣是用塑料制成，这种肠衣也具有透气性，可烟熏，故取名称作可烟熏塑料肠衣。

非透气性肠衣主要是塑料肠衣，根据材料的不同可分为聚偏二氯乙烯（PVDC）肠衣和尼龙肠衣等，根据形状不同又可分为片状肠衣和筒状肠衣。这类肠衣品种规格较多，可以印刷，使用方便，光洁美观，适合于蒸煮类产品。

天然肠衣共分干制、盐渍两种，干制肠衣在使用前应先用温水浸泡变软后方可使用；盐渍肠衣则需在清水中反复漂洗，充分除去黏着在肠衣上的盐分和污物。灌制前不论干制或盐渍肠衣均应捡除破损变质部分。

（二）人造肠衣的特性

纤维素肠衣具有很好的韧性和透气性，就是说在快速热处理时也很稳定，在遇湿时烟也可以通过。

胶原肠衣是用家畜的皮、腱等为原料制成的，所以它是可以食用的，但是直径较粗的肠衣就比较厚，食用就不合适。胶原肠衣不同于纤维素肠衣，在热加工时要注意加热温度，否则胶原就会变软。

塑料肠衣通常用作外包装材料，为了保证产品的质量，阻隔外部环境给产品带来的影响，塑料肠衣具有阻隔空气和水透过的性质和较强的耐冲击性。

1. 天然肠衣与胶原蛋白肠衣的比较

胶原肠衣利用率比天然肠衣高20% ~30%，其特点是不需要进行清洗挑选这些准备工作，而且适合于机械填充，生产出的产品外形尺寸整齐一致。但是，若干燥工艺时间过长，胶原肠衣就会变脆出现裂纹。另外，若湿度太高，胶原水解变成明胶，变得很软。保存时最好在10℃以下。

2. 真空包装使用的包装材料

真空包装使用的包装材料应具备以下特性：低透气性、高防湿性、良好的热黏性和耐寒性。满足这些条件的包装材料有聚偏二氯乙烯、聚丙烯、尼龙等塑料肠衣，以及层压薄膜等材料，这些材料是真空包装常用的材料。

可将聚乙烯和赛璐玢层压在一起制成复合层压薄膜。聚乙烯的热封强度好，赛璐玢具有可印刷性等，这两种材料复合起来就成为适合于食品包装的性能良好的包装材料。

3. 充气包装使用的包装材料的特性

在保管、流通时为了保持产品的品质必须要进行包装。由于空气中有氧存在，产品与其接触容易发生变质现象。所以我们采用往包装袋中充入二氧化碳气的包装方法。在选用包装材料时则要求用氧穿透性低的塑料薄膜袋，只是穿透性低还不行，还必须要求装入产品后，容易密封，热合性能优良。

四、 填充

（一）填充机

现代工厂普遍采用的填充设备是液压灌肠机和连续真空灌肠机。

液压灌肠机是利用液压系统驱动，把料缸活塞与油缸活塞杆连在一起同步动作，进出料口均设在本机上部的机盖上，上料时打开上盖，搬动换向阀手柄，使活塞在料缸下端，然后将拌匀的肉料倒入料缸后，将机盖对正并旋紧压紧装置。本机可通过更换出肉管径来适应直径不同的肠或粗细不同的肉糜。换管时只要将球阀关闭就可进行，当肠衣套在出肉管后，即将换向手柄转到使活塞向上的位置，打开出肉口的球阀即可进行灌肠。

连续真空灌肠机装有一个料斗和二个叶片式连续泵或一个双螺旋泵。为了排除肉品中的空气，它还装有真空泵，特别适合加工肉糜和粗肉末。有的还配有自动称量、打结和肠衣截断等装置。

（二）填充机操作规程

（1）操作前先检查机器是否清洁，若不清洁，清洗干净后方可使用。

（2）灌制前，先将搅拌合格的肉馅倒入料斗中，将肠衣套在灌肠管上。

（3）通电开机，人为控制灌制速度。

（4）肠体灌制一定要均匀，不能过多，以免肠体在后续工序中涨破，如发现机器运转不正常，应立即切断电源，停机后检查原因。

（5）如发现漏电，打火等故障，应马上切断电源，找电工修理，不得私自开机修理。

（6）使用完后关闭电源。然后将各部件清洗干净，沥干水后，放于干燥处备用。

（7）灌制时若发现肠衣破损，应立即停止灌制并截断肠衣，剩余的肠衣继续灌制。

任务五 | 哈尔滨红肠加工

一、 背景知识

哈尔滨红肠属于欧式中温肉制品。红肠，原名里道斯，原产于立陶宛，后广为传播至欧洲其他国家，尤其是俄罗斯。由于该国临近波罗的海，气候湿润，不便于风干，且森林资源丰富，为加速该产品的风干，当地用木屑熏烤。木材燃烧过程产生一种富含羰基的混合气体，可大量杀伤微生物，大大延长了其保质期，久而久之形成了一种具有熏烤的芳香味的特色香肠。1913 年由俄籍德国大师爱金宾斯传到中国哈尔滨，形成哈尔滨红肠。哈尔滨红肠传统配料主要以猪精肉、牛肉为主，辅以胡椒粉、大蒜调味。“文化大革命”时期，里道斯因肠体红色被改名为红肠，后传入祖国各地。

二、 实训目的

（1）能独立完成哈尔滨红肠加工操作技术。

（2）学会哈尔滨红肠传统配方的设计。

（3）能够认知马铃薯淀粉、胡椒质量好坏。

（4）能正确使用拌馅设备、烟熏设备。

（5）掌握哈尔滨红肠生产工艺。

（6）掌握哈尔滨红肠拌馅原理。

（7）熟悉硝酸盐的发色机理。

（8）熟悉磷酸盐的作用。

三、 主要原料与设备

（一）原料

腌制猪精肉、腌制牛肉、脂肪丁、马铃薯淀粉、冰水、香辛料等。

（二）设备

刀具、刀棍、白线绳、排气针、案板、食品箱、不锈钢盆、电子秤、天平、挂肠架、挂肠杆、切丁机、绞肉机、拌馅机、灌肠机、蒸煮炉、熏烤炉。

四、哈尔滨红肠加工技术

（一）工艺流程

生产前准备工作→原料肉处理→腌制→绞肉切丁→制馅→充填→烘烤→蒸煮→熏制→成品

（二）操作要点

1. 生产前准工作备

（1）原辅材料准备

①根据生产计划，填写领料单，领料出库。

②原料肉如果是冷冻肉，进行缓化处理。

（2）设备准备

①生产前对设备（绞肉机、拌馅机、斩拌机、灌肠机、烟熏炉）的安全状况进行调试预检，保证设备运行良好。

②清洗：先用90℃以上热水对设备进行清洗，然后用冷水对设备进行降温。

（3）肠衣准备

①选肠衣：选用天然八路猪肠衣作为灌制肠衣。

②冲水：肠衣先用自来水冲洗三遍，洗去肠衣表面的浮盐、污物。

③浸泡：用30℃左右温水在清洗肠衣两次后，浸泡30min。

④串水：肠衣在浸泡过程中做串水处理，即将肠衣内壁用清水进行清洗。

（4）配料

按照配方及生产要求进行配料（表2－8），配料顺序为一配盐、二配磷酸盐。

表2－8 哈尔滨红肠配方

名称	数量/kg	名称	数量/kg
腌制猪精肉	55	冰水	24～26
马铃薯淀粉	6	白砂糖	1
磷酸盐	0.4	红曲米粉	适量
白胡椒粉	0.2	异维生素C钠	0.08
大蒜	3	脂肪丁	12
腌制牛肉	30	味精	0.35

2. 原料肉处理

选取合格的Ⅱ、Ⅳ号猪精肉、牛精肉及猪脊膘，去除碎骨、血管、淋巴、筋膜等杂物。猪精肉、牛肉切成150～200g菱形块备用。

3. 腌制

（1）精肉腌制　猪肉或牛肉100kg，盐2.5kg，亚硝酸钠8kg，异维生素C钠30g。

亚硝酸钠（用1kg水溶解）、盐、异维生素C钠与肉拌和均匀，放在密闭容器（容器选用陶瓷材料）内，温度控制在8～10℃腌制24～36h。

（2）肥膘腌制　对猪背部脊膘进行擦盐码垛，放在密闭容器（容器选用瓷器）内，温度控制在8～10℃腌制72h。

4. 绞肉、切丁

猪肉、牛肉、大蒜分别用5mm孔板绞肉机分别绞制（牛肉绞制2次或用斩拌机斩碎）。背脊膘切成1cm方丁，肉丁经90℃热水浸烫两次后，用冷水降温至10℃以下。

5. 制馅

将牛肉、猪精肉、混匀辅料，倒入拌馅机，搅拌约10min，期间陆续加入16kg冰水，然后加入淀粉浆（淀粉用7kg水稀释）、大蒜、肉丁拌匀即可。

6. 充填

将制好的肉馅灌入八路猪肠衣内（饱和度适中），18 ～ 22cm扭节。用排气针排气、穿杆、挂架，冷水喷淋。

7. 烘烤

将挂肠车推入烤炉，肠体表面温度控制在78℃左右，烘烤约40min。待肠体表面干燥，触摸有沙沙声即可。

8. 蒸煮

将烘干的半成品红肠推入蒸煮炉，81℃开始计时，蒸汽蒸煮40min即可。

9. 烟熏

选用硬杂木明火烘烤，控制温度为78℃，烘烤60min，待肠体发亮，压实锯末，关闭炉门，熏制10h，出炉。

五、成品评定

（1）颜色　表面枣红色或红褐色。

（2）形状　肠体表面褶皱均匀，核桃纹式样，肥肉丁凸显表面，长度20cm，有红肠特有的油光，似香蕉形状。

（3）风味　熏香浓郁、蒜香突出，肉丁脆而不腻，有红肠特有的香味。

（4）上品特点　红肠结节无破损，挂杆处肠衣与肉馅结合紧密，触摸有弹性，用手折断后端面凹凸有序。

一、 牛肉的质量标准

1. 新鲜类

颜色暗红、有光泽，脂肪洁白或淡黄色；肉质纤维细腻、紧实，夹有脂肪，肉质微湿；弹性好，指压后凹陷能立即恢复；表面微干，有风干膜，不黏手；有牛肉的膻气。

2. 次质类

颜色发黑或鲜红、淡红色，表面颜色不一致，脂肪呈黄色；肉质纤维松软粗糙，肉质含水分大，甚至滴水；弹性差，指压后坚实，凹陷难于恢复；表面过于干燥、失水，或过湿无干燥膜；有异味、氨味等。

3. 冷冻牛肉的质量标准

（1）优质　色红均匀、有光泽、脂肪洁白或微黄色；肉质结构紧密坚实、肌肉纤维韧性强；外表风干、有风干膜，或外表湿润、不黏手；有牛肉的正常气味。

（2）次质　色暗，肉与脂肪缺乏光泽，切面有光泽；肉质松弛、肌肉纤维有韧性；外表风干或轻度黏手，切面湿润不黏手；稍有氨味或酸味。

（3）变质　肉色暗，肉、脂肪无光，脂肪发乌，切面无光泽；肉质软化、松弛，肌肉纤维缺乏韧性；外表极度干燥、黏手，切面湿润黏手；有氨味或酸味、臭味。

4. 注水牛肉与未注水牛肉的鉴别

（1）注水牛肉　肉质纤维明显粗糙，肉面有水分渗出，用手触摸，湿感重，用干纸贴在牛肉表面，纸很快会湿透。

（2）未注水牛肉　牛肉不黏手，用干纸巾贴在牛肉表面，纸巾不湿透。

二、 牛胴体分割

1. 分割流程

将标准的牛胴体二分体首先分割成臀腿肉、腹部肉、腰部肉、胸部肉、肋部肉、肩颈肉、前腿肉、后腿肉共 8 个部分。在此基础上再进一步分割成牛柳、西冷、眼肉、上脑、胸肉、腱子肉、腰肉、臀肉、膝圆、大米龙、小米龙、腹肉、嫩肩肉 13 块不同的肉块（见图 2－2）。

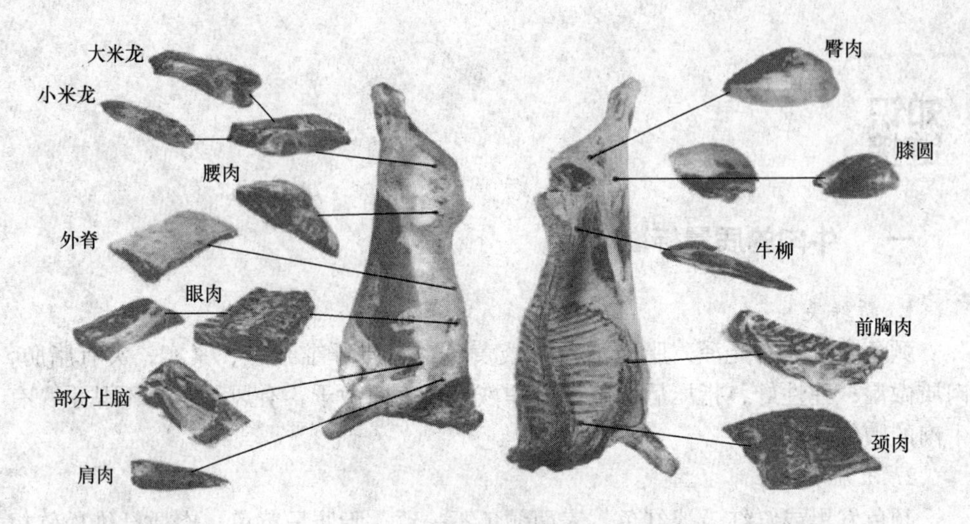

图2－2　牛肉分割示意图

2. 分割要求

分割加工间的温度控制在9～11℃；分割牛肉中心冷却终温需在24h内下降至4℃以下。

3. 胴体质量等级标准和评定方法

（1）胴体的质量指标评定方法　胴体冷却后，在强度为660lx的光线下（避免光线直射），在12～13（或6～7）胸肋间眼肌切面处对下列指标进行评定。

（2）大理石花纹　对照大理石花纹等级图片（其中大理石纹等级图给出的是每级中花纹的最低标准）确定眼肌横切面处大理石花纹等级。大理石花纹等级共分为七个等级：1级、1.5级、2级、2.5级、3级、3.5级和4级。大理石花纹极丰富为1级，丰富为2级，少量为3级，几乎没有为4级，介于两级之间为0.5级，如介于极丰富与丰富之间为1.5级。

（3）生理成熟度　以门齿变化和脊椎骨（主要是最后三根胸椎）横突末端软骨的骨质化程度为依据来判断生理成熟度。生理成熟度分为A、B、C、D、E、F五级。

4. 胴体产量等级标准和评定方法

（1）胴体产量指标评定方法　除热胴体重一项外，其他两项的评定条件与质量级指标相同。

（2）热胴体重的测定　宰后剥皮、去头、蹄、尾、内脏，劈半后、冲洗前称出热胴体重。

（3）眼肌面积的测定　在第12根和第13根胸肋间的眼肌横切面处用眼肌面积板直接测出背最长肌切面的面积。

（4）背膘厚度的测定　在第12根和第13根胸肋间的眼肌横切面处，从靠近脊柱的一端起，在眼肌长度的3/4处，垂直于外表面测量背膘厚度。

（5）胴体产量等级标准　胴体产量等级以分割肉（共13块）重为指标。

（6）牛胴体产量分级以胴体分割肉重为指标　将胴体等级分为五级。

1级：分割肉质量≥131kg

2级：121kg≤分割肉质量≤130kg

3级：111kg≤分割肉质量≤120kg

4级：101kg≤分割肉质量≤110kg

5级：分割肉质量≤100kg

三、有关术语

1. 优质牛肉

肥育牛按规范工艺屠宰、加工，品质达到本标准中优二级以上（包括优二级）的牛肉称作优质牛肉。

2. 成熟

成熟又称“排酸”，指牛被宰杀后，其胴体在0～4℃无污染环境内（冷却间）吊挂一段时间（一般为7～14d），使肉的pH回升，嫩度和风味得到改善的过程。

3. 四分体

从腰部第12根和第13根肋骨处将半胴体截开所得到的前、后1/4胴体称为四分体。

4. 分割牛肉

按照市场要求将牛胴体加工分割成不同部分的肉块。

5. 生理成熟度

生理成熟度反映牛的年龄。评定时根据门齿变化和胴体脊椎骨横突末端软骨的骨化程度来确定，骨化程度越高，牛的年龄越大。

四、牛肉的部位与加工特性

1. 腰腹部分（质嫩）

适合炒肉片，火锅（如表2-9所示）。

表2-9　腰腹部分具体部位分布

名称	分布部位	名称	分布部位
里脊	脊骨内侧（腹侧）条肉	米龙	盆骨后肌，近腰臀肉
里脊，外脊	臀腰部脊骨背侧肉	三岔肉	盆骨前肌，近腹腿肉
里脊，外脊	胸腰部脊骨背侧肉	牛腩	胸腹隔肌
嫩腰	二侧腰肉	牛腩，腰窝	下腹肌
上脑，外脊	胸部背脊肉，略肥		

2. 后腿部分（较老，瘦）

适合烤、酱、卤（如表2-10所示）。

表2-10　后腿部分具体部位分布

名称	分布部位	名称	分布部位
仔盖，臀尖	近腿臀肉	底板肉	大腿肚
粗和尚头	大腿前伸肌	黄瓜肉，腱子肉	大腿肚近膝
榔头肉	大腿肚内芯		

3. 肩胸（前腿）部分（质老，略肥）

适合炖、红烧、酱、卤（如表2-11所示）。

表2-11　肩胸部分具体部位分布

名称	分布部位	名称	分布部位
上脑，前烧	近颈脊背肉	前烧，牛肩肉	肩背肉
前烧，牛肩肉	肩臂肉		

4. 肘子和胸口（质极老）

适合炖、红烧、酱、卤（如表2-12所示）。

表2-12　肘子和胸口部分具体部位分布

名称	分布部位	名称	分布部位
肘子，蹄膀，牛腱子	前后小腿、瘦	弓扣，牛筋肉，牛腩	上腹肌、瘦
胸口，奶脯，牛筋肉	胸脯肉、肥		

五、猪胴体的分割与分级

我国猪肉分割方法通常将半胴体分为肩、背、腹、臀、腿五大部分（具体见图2-3）。

目前我国对猪肉的分级是按整个胴体肌肉的发达程度及脂肪的厚薄进行。猪肉胴体的等级标准各国不一，但基本上都是以肥膘厚度结合每片胴体质量进行分级定等。肥膘厚度以每片猪肉第6根、第7根肋骨中间平行至第6胸椎脊突前下方脂肪层的厚度为依据。我国把带皮或无皮鲜片猪肉分为三个等级（如表2-13所示）。

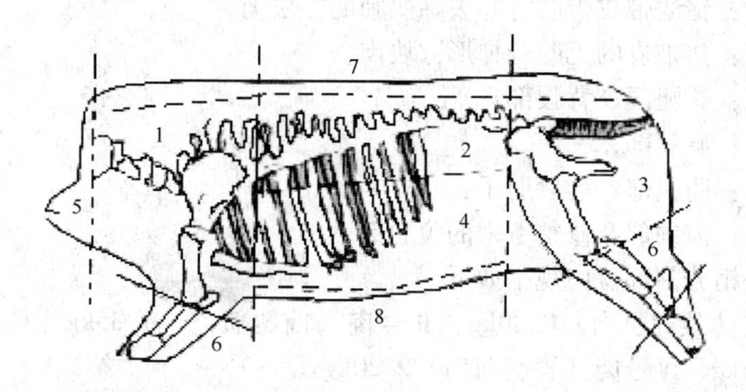

图2－3　猪肉按部位分割示意图

1—肩臂肉　2—背腰肉　3—臀腿肉　4—肋腹肉　5—颈肉　6—肘子肉　7—肥膘　8—奶脯

表2－13　带皮鲜片猪肉的分级标准表

标准等级	脂肪层厚度/cm	片肉质量/kg
一级	1.0～2.5	≥23
二级	1.0～3.0	不限
三级	>3.0或<1.0	不限

我国供市场零售的猪胴体分成下列几个部分：臀腿部、背腰部、肩颈部、肋腹部、前后肘子、前颈部及修整下来的腹肋部。供内、外销的猪胴体分成下列几部分：颈背肌肉、前腿肌肉、脊背大排、臀腿肌肉四个部分。市销零售带皮鲜猪肉分成六大部位三个等级（如图2－4所示）。

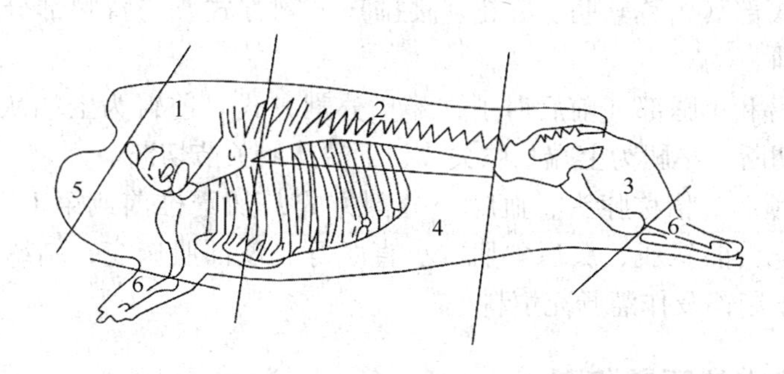

图2－4　我国市场零售猪胴体分割示意图

1—肩颈肉　2—背腰肉　3—臀腿肉　4—肋腹肉　5—前颈肉　6—肘子肉

Ⅰ号肉：猪的颈背肉；Ⅱ号肉：猪的前腿肌肉；Ⅲ号肉：猪的背外脊肉；Ⅳ号肉：猪的后腿肌肉；Ⅴ号肉：猪的背内肌。

颈脖肉和奶脯：做加工用料，必须修去淋巴结。

中方肉：猪的带皮带肋骨并去除奶脯的方块肉。

腹部肉：猪带皮的无肋骨梯形方块肉。

一等肉：臀腿部、背腰部；

二等肉：肩颈部；

三等肉：肋腹部、前后肘子；

等外肉：前颈部及修整下来的腹肋部。

内、外销分割部位肉规格如下：

Ⅰ号肉（颈背肌肉）0.80kg、Ⅱ号肉（前腿肌肉）1.35kg、Ⅲ号肉（脊背大排）0.55kg、Ⅳ号肉（臀腿肌肉）2.20kg。

每块肉要求去皮、皮下脂肪和骨骼，保留肌膜和腱膜，内销分割肉剔骨后露出的部分脂肪可不修整，外销分割肉允许存在的脂肪比例：Ⅰ号肉为2%，Ⅱ号肉为1%，Ⅲ号肉为0.5%，Ⅳ号肉为1%。

（1）肩颈部（俗称胛心、前槽、前臀肩）分割方式　前端从胴体第1、第2颈椎切去颈脖肉，后端从第4、第5胸椎间或第5根、第6根肋骨中间与背线成直角切断，下端如做西式火腿，则从腕关节截断，如做其他制品则从肘关节截断并剔除椎骨、肩胛骨、臂骨、胸骨和肋骨。

（2）臀腿部（俗称后腿、后丘、后臀肩）分割方式　从最后腰椎与脊椎结合部和背线成直角垂直切断，下端则根据不同用途进行分割，如作分割肉、鲜肉出售，从膝关节切断，剔出腰椎、脊椎、髋骨、股骨并去尾，如做火腿则保留小腿、后蹄。

（3）背腰部（俗称通脊、大排、横排）分割方式　前去肩颈部，后去臀腿部，取胴体中段下端从脊椎骨下方4～6cm处平行切断，上部为背腰部。

（4）肋腹部（俗称软肋、五花、腰排）分割方式　与背腰部分离的下部即是，切去奶脯。

（5）前臂和小腿部（前后肘子、蹄）分割方式　前臂为上端从肘关节，下端从腕关节切断；小腿为上端从膝关节，下端从跗关节切断。

（6）前颈部（俗称脖头、血脖）分割方式　从寰椎前或第1、2颈椎处切断，肌肉群有头前斜肌、头后斜肌、小直肌等。该部肌肉少，结缔组织及脂肪多，一般用于制馅及作灌肠充填料。

六、猪肉的质量鉴别

1. 鲜猪肉的质量标准

（1）新鲜类　表皮白净、毛少或无毛；脂肪洁白有光泽，肉呈鲜红色或玫红色；弹性好，按之迅速恢复；表面不黏手；有正常的肉味。

（2）次质类　有血块、污染、毛多、肉质瘫软；暗红色或灰褐色，脂肪呈黄白，绿色或黑色表示已经腐败；弹性差，按之恢复较慢或有明显的痕迹；干燥或黏手；有异味。

2. 冷冻猪肉的质量标准

（1）优质　色红均匀、有光泽、脂肪洁白、无霉点；肉质紧密、坚实；外表及切断面微湿润，不黏手；无异味。

（2）次质　色稍暗红、缺乏光泽、脂肪微黄、有少量霉点；肉质软化、松弛；外表湿润、不黏手，切断面有渗出液、不黏手；稍有氨味或酸味。

（3）变质　色暗红、无光泽、脂肪黄色或灰绿色、有霉点；肉质松弛；外表湿润、黏手，切面有渗出液、黏手；氨味或酸味、臭味。

3. 活宰猪和死猪肉的鉴别

（1）活宰猪　放血良好，血液无渗入内层的现象；脂肪白色有光泽，肉呈鲜红色或玫红色；有正常肉味；弹性好。

（2）死猪肉　放血不良，血液凝结并渗入内层；脂肪粉红色无光泽，肉呈黑红色；有异味；无弹性。

4. 病猪、老公猪、老母猪的鉴别

（1）食用猪　肉皮薄而软、毛孔小、有弹性，骨骼洁白细滑；肉色泽鲜艳、纤维细腻，脂肪洁白肥厚，结构紧密；有正常肉味，无臊味。

（2）老公猪　肉厚而硬实，无弹性，骨骼黄色粗大；肉颜色暗红、纤维粗糙，脂肪较少，肉久煮不烂；有臊味。

（3）老母猪　皮厚而粗糙，黄色，毛孔大，奶头突出；肉紫红色，纤维粗乱，脂肪肥而松弛，久煮不烂；有臊味。

（4）病猪　瘟病猪脂肪呈红色，肉皮上有小的出血点；黄疸病猪，皮、心、肝、肉都呈黄色，有鱼腥气；丹毒病猪，表面有大方块、圆形的出血斑。

七、 禽肉类的质量标准

1. 冷冻鸡的质量标准

（1）优质　眼球饱满或平坦；皮肤有光泽，呈淡黄、淡红、灰白色等，肌肉切面有光泽；指压后凹陷恢复得慢，且不能完全恢复；有鸡肉的正常气味。

（2）次质　眼皱缩凹陷、晶体浑浊；外表干燥、黏手，新切面湿润；肌肉发软，指压后凹陷不能恢复；无异味，腹腔有些异味。

（3）变质　干缩凹陷、晶体浑浊；表面极度干燥、黏手，新切面湿润黏手；肌肉松弛、指压后凹陷不能恢复，并有明显的痕迹；有腐败味或霉味，腹腔内有臭味。

2. 活宰禽和死宰禽的鉴别

（1）活宰禽　宰杀后放血良好，脂肪淡黄，肉色鲜红皮色乳白或粉色；刀口不平整；肉质结实紧密弹性好；皮肤光洁、紧缩，肛门粉红。

（2）死宰禽　宰杀后放血不良，脂肪、肉表皮有渗血现象，有红色或紫色的斑点，或肌肉有紫色血渗出；刀口平整；肉质软烂，肌肉弹性差；皮肤粗糙无光，肛门发黑。

3. 禽肉类制品的质量标准

（1）鸡腿

优质标准：皮颜色淡黄，肉颜色鲜红，有光泽，皮光洁紧缩，肉与皮结合紧密，弹性好，无异味。

劣质特征：脱皮、淤血、发皱、黏手、颜色发暗、异味。

（2）鸡翅

优质标准：颜色淡黄有光泽，皮光洁紧缩，肉与皮结合紧密，无异味。

劣质特征：脱皮、淤血、发皱、有毛、黏手、异味。

（3）禽心

优质标准：颜色紫褐色，形状完整、紧密结实，弹性好。

劣质特征：颜色紫黑或灰绿，柔软无弹性，黏手且有异味。

（4）禽肫

优质标准：肫皮颜色金黄，肉紫绛色，结构紧密、厚实，有弹性不黏手。

劣质特征：颜色灰绿，结构松弛，无弹性，表面黏手，有异味或污物。

（5）凤爪

优质标准：颜色乳白，表面有光泽，个较大完整，整齐度好，肉厚有弹性。

劣质特征：发黄、过分水浸、个太小或软烂，有黑色的碱斑。

（6）白条鸡/乌鸡

优质标准：眼睛明亮饱满，形态完整，表皮颜色因品种不同而呈乳白、淡黄、粉红色或乌黑色，有光泽且皮肉结合紧密，肉质弹性好，按之可以立即恢复，表面干湿度合适、不黏手，无异味。

劣质特征：眼睛凹陷、浑浊、干缩，甚至有黏液，表皮颜色苍白或发绿，表面干燥并有疮、痂或斑点，肉质软烂弹性差，表面黏手，有异味。

（7）白条鸭

优质标准：眼睛明亮饱满，形态完整，表皮颜色因品种不同而呈乳白、淡黄色，有光泽且皮肉结合紧密，毛少，肉质弹性好，按之可立即恢复，表面干湿度合适，不黏手，无异味。

劣质特征：眼睛凹陷、浑浊、干缩，甚至有黏液，表皮颜色苍白或发绿，表面干燥并有疮、痂或斑点，肉质软烂弹性差，表面黏手，有异味。

任务六 | 哈尔滨儿童肠加工

一、 背景知识

儿童肠，属于中国自主研发的熏煮香肠类产品，20 世纪 70 年代末某个“六一”儿童节期间，“哈肉联”高级技师于高瑞先生经市场调研后发现，儿童节日期间在市场上却没有适合儿童使用的肉制品，于高瑞先生触动很大，回到工厂开始组织技术人员为儿童研制肉制品。他们在哈尔滨红肠制作工艺基础上，通过对产品配方的调整，降低产品含盐量、辛辣调味料量，增加了白糖、桂皮、香油、松仁等调味料，得到的产品风味更适合儿童，故命名为儿童肠。

二、 实训目的

（1）能独立完成儿童肠加工操作技术。
（2）学会儿童肠传统配方的设计。
（3）能够认知马铃薯淀粉、胡椒质量好坏。
（4）能正确使用拌馅设备、烟熏设备。
（5）掌握儿童肠生产工艺。
（6）掌握儿童肠拌馅原理。
（7）熟悉硝酸盐的发色机理。
（8）熟悉磷酸盐的作用。

三、 主要原料与设备

（一）原料

腌制猪精肉、腌制牛肉、猪脂肪、马铃薯淀粉、冰水、香辛料等。

（二）设备

刀具、刀棍、白线绳、排气针、案板、食品箱、不锈钢盆、电子秤、天平、挂肠架、挂肠杆、切丁机、绞肉机、拌馅机、灌肠机、蒸煮炉、熏烤炉。

四、 哈尔滨儿童肠加工技术

（一）工艺流程

生产前准备工作 → 原料肉处理 → 腌制 → 绞肉 → 制馅 → 充填 → 烘烤 → 蒸煮 → 熏制 → 成品

（二）操作要点

1. 生产前准备工作

（1）原辅材料准备

①根据生产计划，填写领料单，领料出库。

②原料肉如果是冷冻肉，进行缓化处理。

（2）设备准备

①生产前对设备（绞肉机、拌馅机、斩拌机、灌肠机、烟熏炉）的安全状况进行调试预检，保证设备运行良好。

②清洗：先用90℃以上热水对设备进行清洗，然后用冷水对设备进行降温。

（3）肠衣准备

①选肠衣：选用天然七路猪肠衣作为灌制肠衣。

②冲水：肠衣先用自来水冲洗三遍，洗去肠衣表面的浮盐、污物。

③浸泡：用30℃左右温水在清洗肠衣两次后，浸泡30min。

④串水：肠衣在浸泡过程中做串水处理，即将肠衣内壁用清水进行清洗。

（4）配料　按照配方及生产要求进行配料（表2－14），配料顺序为一配盐、二配磷酸盐。

表2－14　哈尔滨儿童肠配方

名称	数量/kg	名称	数量/kg
腌制猪精肉	59	白砂糖	1
马铃薯淀粉	6	肉桂粉	0.1
磷酸盐	0.4	红曲米粉	0.1
白胡椒粉	0.15	猪脂肪	12
香油	0.5	味精	0.35
大蒜	1	松仁	0.5
腌制牛肉	23	异维生素C钠	0.08
冰水	24～26		

2. 原料肉处理

选取合格的Ⅱ号、Ⅳ号猪精肉、牛精肉及猪肥膘，去除碎骨、血管、淋巴、筋膜等杂物。猪精肉、牛肉切成150～200g菱形块备用。

3. 腌制

精肉腌制：猪肉或牛肉100kg，盐2.5kg，亚硝酸钠8kg，异维生素C钠30g。

亚硝酸钠（用1kg水溶解）、盐、异维生素C钠与肉拌和均匀，放在密闭容器（容器选用陶瓷材料）内，温度控制在8～10℃腌制24～36h。

4. 绞肉

猪肉、牛肉、大蒜分别用5mm孔板绞肉机分别绞制（牛肉绞制2次或用斩拌机斩碎)。猪肥膘肉用3mm孔板绞肉机分别绞制。

5. 制馅

将牛肉、猪精肉、混匀辅料，倒入拌馅机，搅拌约10min，期间陆续加入16kg冰水，然后加入淀粉浆（淀粉用7kg水稀释)、大蒜、香油拌匀即可。

6. 充填

将制好的肉馅灌入七路猪肠衣内（饱和度适中)，9～11cm扭节。用排气针排气、穿杆、挂架，冷水喷淋。

7. 烘烤

将挂肠车推入烤炉，肠体表面温度控制在78℃左右，烘烤约40min。待肠体表面干燥，触摸有沙沙声即可。

8. 蒸煮

将烘干的半成品红肠推入蒸煮炉，81℃开始计时，蒸汽蒸煮40min即可。

9. 烟熏

选用硬杂木明火烘烤，控制温度为78℃，烘烤60min，待肠体发亮，压实锯末，关闭炉门，熏制10h，出炉。

五、成品评定

（1）颜色　表面枣红色或红褐色。

（2）形状　肠体表面褶皱均匀，核桃纹式样，肥肉丁凸显表面，长度10cm，有儿童肠特有的油光，似香蕉形状。

（3）风味　熏香浓郁、蒜香适口、口感细腻，有儿童肠特有的香味。

（4）上品特点　儿童肠结节无破损，挂杆处肠衣与肉馅结合紧密，触摸有弹性，用手折断后端面凸凹有序。

一、腌制

肉的腌制通常用食盐或以食盐为主，并添加硝酸钠、蔗糖和香辛料等辅料对原料肉进行浸渍的过程。肉制品加工中最常用的是硝酸盐及亚硝酸盐作为发色剂，L－抗坏血酸、L－抗坏血酸钠及烟酰胺作为发色助剂。现分别介绍腌制剂的组成成分及作用。

（一）硝酸盐和亚硝酸盐

1. 作用

（1）具有良好的呈色和发色作用　原料肉的红色是由肌红蛋白所呈现的一种感官性状。由于肉的部位不同与家畜品种的差异，其含量比例也不一样。一般地说，肌红蛋白占70% ~90%，血红蛋白占10% ~30%。肌红蛋白是表现肉颜色的主要成分。

新鲜肉中还原型的肌红蛋白呈现稍暗的紫红色，还原型的肌红蛋白很不稳定，易被氧化。刚开始，还原型肌红蛋白分子中二价铁离子上的结合水被分子状态的氧置换形成氧合肌红蛋白，此时配位铁未被氧化，仍为二价，呈鲜红色。若继续氧化，肌红蛋白中的铁离子由二价被氧化为三价，变成高铁肌红蛋白，色泽变褐。若仍继续氧化，则变成氧化卟啉，呈绿色或黄色。高铁肌红蛋白，在还原剂的作用下，也可被还原为还原型肌红蛋白。

为了使肉制品呈鲜艳的红色，在加工过程中多添加硝酸盐与亚硝酸盐。硝酸盐在细菌的作用下还原成亚硝酸盐，亚硝酸盐在一定的酸性条件下会生成亚硝酸。亚硝酸很不稳定，即使在常温下也可分解产生亚硝基，亚硝基会很快地与肌红蛋白反应生成鲜艳的、亮红色的亚硝基肌红蛋白，亚硝基肌红蛋白遇热后，放出巯基（-SH），而呈亚硝基血色原的鲜红色。

（2）抑制腐败菌的生长　亚硝酸盐在肉制品中，对抑制微生物的增殖有一定的作用，其效果受 pH 影响。当 pH6.0 时，对细菌有一定的作用；当 pH6.5 时，作用降低；当 pH7 时，则完全不起作用。亚硝酸盐与食盐并用可使抑菌作用增强，另外一个非常重要的作用是亚硝酸盐可以防止肉毒杆菌的生长。肉毒杆菌只有在无氧的环境下才能生长，而一般肉制品都是真空包装的，适合其生长，微量的亚硝酸盐就可以有效地抑制它们的增殖。因此要降低或完全替代亚硝酸盐的含量可能是很危险的，肉毒杆菌中毒是神经毒素，一般是会致死的。

（3）增强肉制品的风味　亚硝酸盐对于肉制品的风味有两个方面的影响：一是产生特殊腌制风味，这是其他辅料所无法取代的；二是防止脂肪氧化酸败，以保持腌制肉制品独有的风味。

2. 安全性问题

近年来，人们发现亚硝酸盐能与各种氨基化合物（主要来自蛋白质分解产物）反应，产生致癌的 *N*-亚硝基化合物，如亚硝胺等。亚硝胺是上前国际上公认的一种强致癌物，动物试验结果表明：不仅长期小剂量作用有致癌作用，而且一次摄入足够的量，也有致癌作用。因此，国际上对食品中添加硝酸盐和亚硝酸盐的量具有严格限制，FAO/WHO、联合国食品添加剂法规委员会（JECFA）建议在目前还没有理想的替代品之前，把用量限制在最低水平。

据研究，亚硝酸盐的添加量在0.024g/kg 以下发色不好，在0.024 ~0.04g/kg 可以发色，发色程度随添加量的增加而增加，发色较好的添加量约为0.13g/kg，其中亚硝酸盐的残留量为0.04g/kg，JECFA建议肉制品中亚硝酸盐的添加量为0.2g/kg。我国规定亚硝酸盐的加入量为0.15g/kg，此量在国际规定的限量以下。JECFA建议肉制品中亚硝酸盐的残留量为0.125g/kg，日本规定肉制品中最大残留量为0.07g/kg，我国规定的残留量为0.03～0.07g/kg，低于日本及一些其他国家规定的残留量。

3. 关于硝酸盐和亚硝酸盐替代品问题

许多世纪以来，人们一直使用含有硝酸盐，可能还含有亚硝酸盐的腌制盐保存肉类，到19世纪末才认识到硝酸盐能促进腌肉颜色的产生，直到20世纪40年代初期，亚硝酸盐的作用还仅仅限于上述的认识。后来，发现亚硝酸盐可抑制引起肉类变质的微生物生长，特别对引起肉类中毒的肉毒梭状芽孢杆菌有很强的抑制作用。有些国家在没有使用硝酸盐之前，肉毒梭状芽孢杆菌中毒率很高，使用后肉类中毒真正得到了控制。亚硝酸盐除抗菌作用外，还有抗氧化及增强风味的作用。尽管如此，由于亚硝酸盐的安全性及致癌问题，使其应用愈来愈受到限制，全世界都在寻求理想的替代品。

目前，人们寻求使用的亚硝酸盐替代品有两类：一类是部分或完全取代亚硝酸盐的添加剂；另一类是在常规亚硝酸盐浓度下能阻断亚硝胺形成的添加剂。

亚硝酸盐的较好替代品为抗坏血酸盐，α-生育酚（维生素E）和亚硝酸盐的混合物。此外，也有用山梨酸钾和低浓度的亚硝酸盐、次磷酸钠作为替代品，其中，除抗坏血酸盐与α-生育酚可阻断亚硝胺的形成以外，其他品种可部分代替亚硝酸盐的抗菌作用。

尽管有种种亚硝酸盐的替代品，但迄今为止还未发现有能完全取代亚硝酸盐的理想物质。目前，国内外仍在继续使用亚硝酸盐和硝酸盐发色，其原因是亚硝酸盐对防止肉类中毒和保持腌肉制品的色、香、味有独特的作用。

4. 亚硝酸盐的管理

肉制品中加入亚硝酸盐时应按照《中华人民共和国食品添加剂卫生管理办法》进行，要做到专人领用，专人保管，随领随用，用多少领多少。对领取后没有用完的添加剂要进行妥善处理，以防发生人身安全事故，对发色剂亚硝酸盐的使用更要特别谨慎。

5. 亚硝酸盐在肉制品中应用时注意的问题

（1）亚硝酸盐的添加量要严格控制　国外亚硝酸盐的使用是一般趋于下降，按我国规定灌肠制品中亚硝酸盐的残留不超过30mg/kg，盐水火腿的成品率在130%时，腌制时添加量应控制在75～80mg/kg为好。

（2）温度控制　不论是腌制时还是加工后的成品，温度控制在8～10℃最为适宜，因为这个温度既可抑制细菌（包括肉毒杆菌）生长繁殖，又不影响肉品腌制加工，也不破坏成品的组织结构和感官品质，还可以延长制品的保存期。

（3）pH的控制　发色与抑菌要求pH控制在6.0左右，而提高保水性能则要求 pH 接近中性，为了制品的安全与质量，还是以 pH6.0 左右为好。

(4) 抗坏血酸盐助色剂的使用量要适当　一般应控制在 200～300mg/kg，并且宜先加入肉中，然后再添加亚硝酸盐与食盐的混合盐水。

(5) 保持原料肉的新鲜清洁　一般合格新鲜肉是比较安全的，但如用冻肉解冻以后加工方火腿或灌肠制品，应检查细菌数。一般细菌总数应限制在 10^5 个/g 程度为良好，若达到 10^6 个/g 时，应用漂白粉水喷雾后水洗，腌制时可添加碳氧血红蛋白补充流失的血红素。

虽然肉毒中毒的几率很低，但发生以后无法挽救。所以，必须正确全面认识亚硝酸盐的作用，尤其是它对肉毒中毒的预防作用，可保证肉制品的安全。

(二) 食盐

食盐是腌腊肉制品的主要配料，也是唯一不可缺少的腌制材料。食盐不能灭菌，但一定浓度的食盐（10%～15%）能抑制许多腐败微生物的繁殖，因而对腌腊制品具有防腐作用。

1. 作用

(1) 脱水作用　食盐可以形成较高的渗透压，引起微生物细胞的脱水，变形，造成微生物质壁分离。

(2) 影响酶的活力　食盐溶液可以抑制微生物蛋白质分解酶的作用。这是由于食盐分子可以和酶蛋白质分子中的肽腱结合，因而减少了微生物酶对蛋白质的作用，因此降低了微生物利用它作为物质代谢的可能性，这样蛋白质就变成不容易被微生物酶分解的物质了。

(3) 毒性作用　微生物对钠离子很敏感，钠离子能与细胞原生质中的阴离子结合，能破坏微生物细胞的正常代谢，因而对微生物产生毒害作用。

(4) 盐溶液中缺氧的影响　食盐溶液减少了氧的溶解度，氧很难溶于食盐水中，形成了缺氧的环境，需氧性微生物的生长繁殖受到抑制。

2. 腌制过程中有关因素的控制

腌制的主要任务是防止腐败变质，同时也为消费者提供了具有特别风味的肉制品。为了完成这些任务就应对腌制过程进行合理的控制。

(1) 食盐的纯度　食盐中除氯化钠外，还有镁盐等杂质。在腌制过程中，它们会影响食盐向肉块内渗透的速度。因此，为了保证食盐迅速渗入肉块内，应尽可能选用纯度较高的食盐，以便尽早阻止肉品向腐败变质方向发展。食盐中硫酸镁和硫酸钠过多还会使腌制品具有苦味。食盐中不应有微量铜、铁、铬存在。它们会严重影响腌肉制品中脂肪的氧化腐败。

(2) 食盐用量　腌制时食盐用量需根据腌制目的、环境条件，如气温、腌制对象、腌制品种类和消费者口味而有所不同。为了达到完全防腐的目的，要求食品内盐分浓度至少在 7% 以上。因此，所用盐水浓度至少应在 25% 以上。腌制时气温低，用量可降低些；气温高，用量宜高些。腌肉时，因肉类容易腐败变质，还需加硝酸盐才能防止腐败变质。但是，一般来说盐分过高就难以食用。从消费者能接受的腌制品咸度来看，其盐分以2%～3%为宜。现在国外腌制品一般都趋向于采用低盐水浓度进行腌制。

（3）温度的控制 由扩散渗透理论可知，温度越高，扩散渗透速度越迅速。虽然腌制时温度越高，时间越短，但选用腌制温度必须谨慎小心。这是因为温度越高，微生物生长活动也越迅速，因而腌制过程相对慢得多。

虽然高温下腌制速度较快，但就肉类来说，它们在高温下极易腐败变质。为了防止在食盐渗入肉内以前就出现腐败变质的现象，腌制仍应在低温条件下（即10℃以下）进行。为此，历来我国肉类腌制都在立冬后、立春前的季节里进行。有腌制间时，肉类宜在8～10℃条件下进行腌制。因此，鲜肉和盐液都应预冷到10℃以下时腌制比较理想。

（4）空气 肉类腌制时，保持缺氧环境将有利于避免退色。当肉类无还原物质存在时，暴露于空气中的肉表面的色素就会氧化，并出现退色现象。

3. 腌制过程中的呈色变化

肉在腌制时食盐会加速血红蛋白（Hb）和肌红蛋白（Mb）氧化，形成高铁血红蛋白（MetHb）和高铁肌红蛋白（MetMb），使肌肉丧失天然色泽，变成紫色调的淡灰色。为避免颜色变化，在腌制时常使用发色剂——硝酸盐和亚硝酸盐，常用的有硝酸钠和亚硝酸钠。加入硝酸钠或亚硝酸钠后，由于肌肉中色素蛋白质和亚硝酸钠发生化学反应形成鲜艳的亚硝基肌红蛋白和亚硝基血红蛋白，这种化合物在烧煮时变成稳定的粉红色，使肉呈现鲜艳的色泽。

发色机理：首先硝酸盐在肉中脱氮菌（或还原物质）的作用下，还原成亚硝酸盐；然后与肉中的乳酸产生复分解作用而形成亚硝酸；亚硝酸再分解产生一氧化氮；一氧化氮与肌肉纤维细胞中的肌红蛋白（或血红蛋白）结合而产生鲜红色的亚硝基肌红蛋白（或亚硝肌血红蛋白），使肉具有鲜艳的玫瑰红色。

（三）发色助剂

为了提高发色效果，降低硝酸盐类的使用量，往往加入发色助剂，如异抗坏血酸钠、烟酰胺、葡萄糖酸内酯等。

1. 异抗坏血酸钠

由于能抑制亚硝胺的形成，利于人类身体健康，对火腿等熏制肉制品的使用量为0.5～1.0g/kg。

2. 葡萄糖酸内酯

通常1%葡萄糖酸内酯水溶液可缩短肉制品的成熟过程，增加出品率。我国规定葡萄糖酸内酯可用于午餐肉、香肠（肠制品），最大使用量为3.0g/kg，残留0.01mg/kg。

3. 烟酰胺

烟酰胺与肌红蛋白结合生成稳定的烟酰胺肌红蛋白，不被氧化，防止肌红蛋白在亚硝酸生成亚硝基期间氧化变色。添加 0.01% ~0.02% 的烟酰胺可保持和增强火腿、香肠的色、香、味，同时也是重要的营养强化剂。

(四) 腌制方法

腌制方法很多，随着肉食种类、地区、消费者的要求各有不同。大致可以归纳为干腌、湿腌、混合腌制以及注射腌制等。不论采用何种方法，腌制都要求腌制剂渗入到肉品内部，并均匀地分布在其中，腌制过程才基本完成。因而腌制时间主要取决于腌制剂在肉品内进行均匀分布所需要的时间。

1. 干腌法

干腌法是利用食盐或食盐和硝酸盐混合物，先在肉品表面擦透，即有汁液外渗现象，而后层堆在腌制架上或层装在腌制容器里，各层间还应均匀地撒上食盐，各层依次压实，在外加压或不加压的条件下，依靠外渗汁液形成盐液进行腌制的方法。开始腌制时仅加食盐，不加盐水，故称为干腌法。

在腌制过程中，需要定期将上、下层肉品依次翻装，又称翻缸。翻缸同时要加盐复腌，每次复腌的用盐量为开始腌制时用盐量的一部分，一般需复盐 2 ~4 次，视产品种类而定。

干腌的优点是操作简便，制品较干，易于保藏，无需特别当心，营养成分流失少。其缺点是腌制不均匀，失重大，味太咸，色泽较差。如加硝酸钠，色泽可以改善。

2. 湿腌法

湿腌法即盐水腌制法。就是在容器内将肉品浸没在预先配制好的食盐溶液内，并通过扩散和水分转移，让腌制剂渗入肉品内部，并获得比较均匀的分布，直至最后它的浓度和盐液浓度相同的腌制方法。显然，腌制品内的盐分取决于腌制的盐液浓度。

湿腌的缺点是其制品的色泽和风味不及干腌制品，腌制时间和干腌法一样，比较长，所需劳动量比干腌法大。腌肉时肉质柔软，盐水适当。但蛋白质流失大，因含水分多不易保藏。

3. 混合腌制法

混合腌制法是一种干腌和湿腌相结合的腌制法。可先行干腌，然后放入容器内堆放 3d，再加盐水湿腌半个月。此法具有色泽好，营养成分流失少，硬度适中的优点。

二、 烤制

(一) 烤制的基本原理

烤制是利用热空气对原料肉进行的热加工。原料肉经过高温烤制，产品表面产生一种焦化物，从而增强了肉制品表面的酥脆性，同时产生美观的色泽和诱人的香味。

肉类经烤制所产生的香味，是由于肉类中的蛋白质、糖、脂肪、盐和金属等物质，在加热过程中，经过降解、氧化、脱水、脱羧等一系列变化，生成醛类、酮类、醚类、内酯、呋喃、吡嗪、硫化物、低级脂肪酸等化合物，尤其是糖、氨基酸之间的美拉德反应即羰氨反应，它不仅生成棕色物质，同时伴随生成多种香味物质，从而赋予肉制品的香味。蛋白质分解产生谷氨酸，与盐结合生成谷氨酸钠，使肉制品带有鲜味。

此外，在加工过程中，腌制时加入的辅料也有增进香味的作用。如五香粉含有醛、酮、醚、酚等成分，葱蒜含有硫化物，在烤猪、烤鸭、烤鹅时，浇淋糖水所用的麦芽糖或其他糖，烤制时这些糖与皮层蛋白质分解生成的氨基酸发生美拉德反应，不仅起着美化外观的作用，而且产生香味物质。烤制前烧淋热水和晾皮，使皮层蛋白质凝固，皮层变厚干燥，烤制时，在热空气作用下，蛋白质变性而酥脆。

（二）烤制的方法

烤制的方法基本上有两种，即明炉烤制法和挂炉烤制法（暗炉烤制法）。

1. 挂炉烤制法

挂炉烤制法也称暗炉烤制法，即用一种特制的可以关闭的烤制炉、如远红外线烤炉、家庭电焗炉、缸炉等。前两种烤炉热源为电，缸炉的热源为木炭，在炉内通电或烧红木炭，然后将腌制好的原料肉（鸭坯、鹅坯、鸡坯、猪坯或肉条）穿好挂在炉内，关上炉门进行烤制。烤制温度和烤制时间视原料肉而定。一般烤炉温度为200～220℃，加工叉烧肉烤制25～30min，加工鸭（鹅）烤制30～40min，加工乳猪烤制50～60min。

挂炉烤制法应用比较多，它的优点是花费人工少，对环境污染小，一次烤制的量比较多，但火候不是十分均匀，成品质量比不上明炉烤制法好。

2. 明炉烤制法

明炉烤制法是用铁制、无关闭的长方形烤炉，在炉内烧红木炭，然后把腌制好的原料肉，用一条烤制用的长铁叉叉住，放在烤炉上进行烤制。在烤制过程中，有专人将原料不断转动，使其受热均匀，成熟一致。这种烤制法的优点是设备简单，比较灵活，火候均匀，成品质量较好，但花费人工多。驰名全国的广东烤乳猪（又名脆皮乳猪），就是采用此种烤制方法。此外，野外的烤制肉制品，多属于此种烤制方法。

（三）烤箱安全操作规程

（1）烤箱应有良好的接地（零）。

（2）应注意保护内及托物架等的完好、整洁。

（3）被烘干物品必须摆放整齐、安稳，以防发生意外。

（4）箱门无法密闭时，不得通电加热。

（5）通电后要注意观察，确认无异常后方可离开。

（6）箱内温度控制在被烘物品的工艺要求的温度值以内，以免造成损失。

（7）应根据被烘物的工艺要求掌握好烘干时间。

（8）随时观察自动控温是否正常，以免造成损失。

（9）箱玻璃门若是钢化玻璃要待降低温度后再行开启，防止温差过大爆裂。

（10）不要在高温状态下开箱取物。取出物品时必须戴好隔热手套或使用工具，防止烫手。

三、 常用辅料

（一）品质改良剂

在肉制品加工中，为了使制得的成品形态完整，色泽美观，肉质细嫩，切断面有光泽，常常需要添加品质改良剂，以增强肉制品的弹性和结着力，增加持水性，改善制成品的鲜嫩度，并提高出品率，这一类物质统称为品质改良剂。

1. 多聚磷酸盐

目前肉制品生产上使用的主要是磷酸盐类、葡萄糖酸 - δ - 内酯等。磷酸盐类主要有焦磷酸钠、三聚磷酸钠、六偏磷酸钠等，统称为多聚磷酸盐。这方面新的发展是采用一些酶制剂如谷氨酰胺转氨酶来改良肉的品质。目前，生产上使用的磷酸盐多为焦磷酸盐、三聚磷酸盐和六偏磷酸盐的复合盐，作为化学合成品质改良剂，几种磷酸盐经常是组合起来使用的，效果较好，表 2 - 15 所示为几种组合盐配比，供参考。

表 2 - 15　　几种磷酸盐组合配比　　单位:%

编号	焦磷酸钠	三聚磷酸钠	六偏磷酸钠
1	40	40	20
2	50	25	25
3	50	20	30
4	5	25	70
5	10	25	65

它们广泛应用于肉制品加工中，具有明显提高品质的作用。在肉制品中起乳化、控制金属离子、控制颜色、控制微生物、调节 pH 和缓和作用。各种多聚磷酸盐的用量在 0.4% ~0.5% 为最佳，美国的限量是最终产品磷酸盐的残留量为 0.5%，磷酸盐应用于肉制品的作用有以下几点。

（1）改变肉中的 pH　磷酸盐是一种具有缓冲作用的碱性物质，加到肉中后，能使肉中的 pH 向碱性方向移至 7.2 ~7.6，在这种情况下，肌肉中的肌球蛋白和肌动蛋白偏离等电点（pH5.4）而发生溶解，因而提高了肉的持水性。

（2）增大蛋白质的静电斥力　磷酸盐具有结合二价金属离子的性质，在加入肉中后，使原来与肌肉中肌原纤维结合的Ca^{2+}、Mg^{2+}被磷酸盐夺取，使肌原纤维蛋白在失去Ca^{2+}、Mg^{2+}后释放出羧基，由于蛋白质羧基带有同种电荷，在静电斥力作用下，肌肉蛋白质结构松弛，提高了持水能力。

（3）肌球蛋白溶解性增大　磷酸盐是具有多价阴离子的化合物，在较低的浓度下，就有较高的离子强度。肌球蛋白在一定离子强度范围内，溶解性增大，成为胶溶状态，从而提高了持水性。

（4）肌动球蛋白发生解离　焦磷酸盐和三聚磷酸盐具有解离肌肉中肌动球蛋白的特殊作用，能将肌动球蛋白解离成肌球蛋白和肌动蛋白，提取大量的盐溶性蛋白质（肌球蛋白），因而提高了持水性。另外，肉中脂肪的酸败，使肉和肉制品气味不好，但在肉中加入磷酸盐时，则可防止酸败。因为磷酸盐有腐蚀性，加工的用具应使用不锈钢或塑料制品。储存磷酸盐也应使用塑料袋而不用金属器皿。磷酸盐的另一个问题就是造成产品上的白色结晶物，原因是由于肉内的磷酸酶分解了这些多聚磷酸盐。防止的方式是可降低磷酸盐的用量或是增加车间内及产品储存时的相对湿度。

磷酸盐类常复合使用，一般常用三聚磷酸钠29%、偏磷酸钠55%、焦磷酸钠3%、磷酸二氢钠（无水）13%的比例，效果较理想。

2. 谷氨酰胺转氨酶

谷氨酰胺转氨酶是近年来新兴的品质改良剂，在肉制品中得到广泛应用，它可使酪蛋白、肌球蛋白、谷蛋白、乳球蛋白等蛋白质分子之间发生交联，改变蛋白质的功能性质。该酶可添加到汉堡包、肉包、罐装肉、冻肉、模型肉、鱼肉泥、碎鱼产品等产品中以提高产品的弹性、质地，对肉进行改型再塑造，增加胶凝强度等。在肉制品中添加谷氨酰胺转氨酶，由于该酶的交联作用可以提高肉质的弹性，可减少磷酸盐的用量。

3. 综合性混合粉

综合性混合粉是肉制品加工中使用的一种多用途的混合添加剂，它由多聚磷酸盐、亚硝酸钠、食盐等组成，不仅能用于生产方火腿、熏火腿、熏肉和午餐肉等品种，而且能用于生产各种灌肠制品。

综合性混合粉适用品种多，使用方便，能起到发色、疏松、膨胀和增加肉制品持水性及抗氧化等作用。

4. 红曲米和红曲色素

红曲米和红曲色素在肉制品加工中常用于酱卤制品类、灌肠制品类、火腿制品类、干制品和油炸制品等，其使用量根据使用说明及地域特点进行调整。但红曲米和红曲色素在使用中应注意不能使用太多，否则将使制品的口味略有苦酸味，并且颜色太重而发暗。另外，使用红曲米和红曲色素时添加适量的食糖，用以调和酸味，减轻苦味，使肉制品滋味达到和谐。

5. 焦糖

焦糖又称酱色或糖色，外观是红褐色或黑褐色的液体，也有的呈团体状或粉末状。可以溶解于水以及乙醇中，但在大多数有机溶剂中不溶解。溶解的焦糖有明显的焦味，但稀释到常用水平则无味。焦糖水溶液晶莹透明。液状焦糖的相对密度在1.25～1.38。焦糖的颜色不会因酸碱度的变化而发生变化，并且也不会因长期暴露在空气中受氧气的影响而改变颜色。焦糖在150～200℃的高温下颜色稳定，是我国传统使用的色素之一。

焦糖比较容易保存，不易变质。液体的焦糖储存中如因水分挥发而干燥时，使用前只要添加一定的水分，放在炉上稍稍加热，搅拌均匀，即可重新使用。焦糖中在肉制品加工中的应用主要是为了补充色调，改善产品外观的作用。

（二）嫩化剂

嫩化剂是目前肉制品加工中经常使用的食品添加剂。它们在改善肉制品品质方面发挥着重要的作用。嫩化剂是用于使肉质鲜嫩的食品添加剂。常用的嫩化剂主要是蛋白酶类。用蛋白酶来嫩化一些粗糙、老硬的肉类是最为有效的嫩化方法。用蛋白酶作为肉类嫩化剂，不但安全、卫生、无毒，而且有助于提高肉类的色、香、味，增加肉的营养价值，并且不会产生任何不良风味。国外已经在肉制品中普遍使用，我国也开始使用。

目前，作为嫩化剂的蛋白酶主要是植物性蛋白酶。最常用为木瓜蛋白酶、菠萝蛋白酶、生姜蛋白酶和猕猴桃蛋白酶等。

（1）木瓜蛋白酶　加工中使用木瓜蛋白酶时，可先用温水将其粉末溶化，然后将原料肉放入，拌和均匀，即可加工。木瓜蛋白酶广泛用于肉类的嫩化。

（2）菠萝蛋白酶　加工中使用菠萝蛋白酶时，要注意将其粉末溶入30℃左右的水中，也可直接加入调味液，然后把原料肉放入其中，经搅拌均匀即可加工。

需要注意的是，菠萝蛋白酶所存在的温度环境不可超过45℃，否则，蛋白酶的作用能力显著下降，更不可超过60℃，在60℃的温度下经21min，菠萝蛋白酶的作用完全丧失。

（三）增稠剂

增稠剂又称赋形剂、黏稠剂，具有改善和稳定肉制品物理性质或组织形态，丰富食用的触感和味感的作用。

增稠剂按其来源大致可分为两类：一类是来自于含有多糖类的植物原料；另一类则是从富含蛋白质的动物及海藻类原料中制取的。增稠剂的种类很多，在肉制品加工中应用较多的有：植物性的增稠剂，如淀粉、琼脂、大豆蛋白等；动物性增稠剂，如明胶、禽蛋等。这些增稠剂的组成成分、性质、胶凝能力均有所差别，使用时应注意选择。

1. 淀粉

淀粉在肉制品中的作用主要是：提高肉制品的黏结性，保证切片不松散；淀粉可作为赋形剂，使产品具有弹性；淀粉可束缚脂肪，缓解脂肪带来的不良影响，改善口感、外观；淀粉的糊化，吸收大量的水分，使产品柔嫩、多汁；改性淀粉中的β－环状糊精，具有包理香气的作用，使香气持久。

在中式肉制品中，淀粉能增强制品的感官性能，保持制品的鲜嫩，提高制品的滋味，对制品的色、香、味、形方面均有很大的影响。

淀粉的种类很多，价格较便宜。常用的有绿豆淀粉、小豆淀粉、马铃薯淀粉、白薯淀粉、玉米淀粉。淀粉在低档用品中主要作用是保持水分，膨胀体积，降低成本，增加经济效益。在中高档用品中也要加入适量的淀粉，增加黏着性，使产品结构紧密，富有弹性，切面光滑，鲜嫩可口。

淀粉溶液在加热时会逐渐吸水膨胀，最后致使淀粉完全发生糊化。淀粉的糊化是一个复杂的物理化学变化过程，糊化开始时的温度约在55～63℃，糊化后淀粉溶液变成具有一定黏稠度的半透明胶体溶液。淀粉糊化后，由于它的来源不同，所含直链淀粉和支链淀粉的比例不同，使得糊化后淀粉胶体的黏度、透明度、凝胶力均不同。因此，熟悉常见几种淀粉糊化后的性质，才能在生产制作中灵活应用，力求使产品色香味形达到标准。

淀粉的回生现象：回生是经过糊化作用后变成的α－型淀粉（熟淀粉），在存放过程中再变成β－型淀粉（生淀粉）的现象。淀粉的回生可视为糊化作用的逆转，但是回生不可能使淀粉彻底复原成生淀粉β－型的结构状态。

淀粉回生的一般规律见表2－16。

表2－16　常见淀粉的糊化温度

淀粉名称	糊化开始温度/℃	糊化完全温度/℃
玉米淀粉	64	72
马铃薯淀粉	56	67
木薯淀粉	59	70
小麦淀粉	65	68
糯米淀粉	58	63

（1）含水量为30%～60%时易回生，含水量小于10%或大于65%时不易回生。

（2）回生的适宜温度为2～4℃，高于60℃或低于－20℃不会发生回生现象。

（3）偏酸（pH4以下）或偏碱的条件下，也易发生回生现象。

2. 变性淀粉

变性淀粉是将原淀粉经化学处理或酶处理后，改变了原淀粉的理化性质，从而使其无论加入冷水或热水，都能在短时间内膨胀溶解于水，具有增黏、保型、速溶等优点，是肉制品加工中一种理想的增稠剂、稳定剂、乳化剂和赋形剂。

多年来，在肉制品加工中一直用天然淀粉作增稠剂来改善肉制品的组织结构，作赋形剂和填充剂来改善产品的外观和成品率。但某些产品加工中，天然淀粉却不能满足某些工艺的要求。因此，用变性淀粉代替原淀粉，在灌肠制品及西式火腿制品加工中应用，能收到满意的效果。

变性淀粉的性能主要表现在其耐热性、耐酸性、黏着性、成糊稳定性、成膜性、吸水性、凝胶性以及淀粉糊的透明度等诸方面的变化。

变性淀粉可明显地改善肉制品、灌肠制品的组织结构、切片性、口感和多汁性，提高产品的质量和出品率。

3. 明胶

明胶在肉制品加工中的作用概括起来有以下四方面：营养作用，乳化作用，黏合保水作用，起到稳定、增稠、胶凝等作用。

4. 琼脂

琼脂凝胶坚固，可使产品有一定形状，但其组织粗糙、发脆、表面易收缩起皱。尽管琼脂耐热性较强，但是加热时间过长或在强酸性条件下也会导致胶凝能力消失。

5. 卡拉胶

卡拉胶是从海洋中红藻科的多种红色海藻中提炼出的一种可溶于水的白色细腻粉状、含有多糖、不含蛋白质的胶凝剂。在肉制品加工中，加入卡拉胶，可使产品产生脂肪样的口感，可用于生产高档、低脂的肉制品。卡拉胶主要有Kappa、Iota和Lambda三种，其性质见表2－17。

表2－17 卡拉胶的类型及性质

主要类型	性质
Kappa	形成热可逆的、强和脆的凝胶
Iota	形成热可逆的、弱和弹性的凝胶
Lambda	增稠，不形成凝胶

在肉制品加工过程中，根据卡拉胶的分类，在实际应用过程中，我们主要根据卡拉胶的性质的不同，一般选用Kappa和Iota型。

6. 大豆分离蛋白

大豆分离蛋白是大豆蛋白经分离精制而得到的蛋白质，一般蛋白质含量在90%以上，由于其良好的持水性、乳化性、凝胶形成性以及低廉的价格，在肉制品加工中得到广泛的应用，其作用如下。

（1）提高营养价值，取代肉蛋白　大豆分离蛋白为全价蛋白质，可直接被人体吸收，添加到肉制品中后，在氨基酸组成方面与肉蛋白形成互补，大大提高食用价值。

（2）改善肉制品的组织结构，提高肉制品质量　大豆分离蛋白添加后可以使肉制品内部组织细腻，结合性好，富有弹力，切片性好。在增加肉制品的鲜香味道的同时，保持产品原有的风味。

（3）使脂肪乳化　大豆分离蛋白是优质的乳化剂，可以提高脂肪的用量。

（4）提高持水性　大豆分离蛋白具有良好的持水性，使产品更加柔嫩。

（5）提高出品率　添加大豆分离蛋白的肉制，可以增加淀粉、脂肪的用量，减少瘦肉的用量，降低生产成本，提高经济效益。

7. 黄原胶

黄原胶是一种微生物多糖，可作为增稠剂、乳化剂、调和剂、稳定剂、悬浮剂和凝胶剂使用。在肉制品中最大使用量为2.0g/kg。在肉制品中起到稳定作用，结合水分、抑制脱水收缩。

使用黄原胶时应注意：制备黄原胶溶液时，如分散不充分，将出现结块。除充分搅拌外，可将其预先与其他材料混合，再边搅拌边加入水中。如仍分散困难，可加入与水混溶性溶剂，如少量乙醇。添加氯化钠和氯化钾等电解质，可提高其黏度和稳定性。

（四）抗氧化剂

抗氧化剂是指能阻止或延缓食品氧化，提高食品的稳定性，延长食品储存期的食品添加剂。肉制品中含有脂肪等成分，由于微生物、水分、热、光等的作用，往往受到氧化和加水分解，氧化能使肉制品中的油脂类发生腐败、褪色、褐变，维生素破坏，降低肉制品的质量和营养价值，使之变质，甚至产生有害物质，引起食物中毒。为了防止这种氧化现象，在肉制品中可添加抗氧化剂。

防止肉制品氧化，应着重从原料、加工工艺、保藏等环节上采取相应的避光、降温、干燥、排气、除氧、密封等措施，然后适当配合使用一些安全性高、效果好的抗氧化剂，可收到防止氧化的显著效果。另外一些对金属离子有螯合作用化合物如柠檬酸、磷酸等也可增加抗氧化效果。

抗氧化剂的品种很多，国外使用的有30种左右。在肉制品中通常使用的有：油溶性抗氧化剂，如丁基羟基茴香醚、二丁基羟基甲苯、没食子酸丙酯、维生素E。油溶性抗氧化剂能均匀地溶解分布在油脂中，对含油脂或脂肪的肉制品可以很好地发挥其抗氧化作用。水溶性抗氧化剂，如L－抗坏血酸、异抗坏血酸、抗坏血酸钠、异抗坏血酸钠、茶多酚等。这几种水溶性抗氧化剂，常用于防止肉中血色素的氧化变褐，以及因氧化而降低肉制品的风味和质量等方面。

（五）防腐剂

造成肉制品腐败变质的原因很多，包括物理、化学和生物等方面的因素，在实际生活和生产活动中，这些因素有时是单独起作用，有时是共同起作用。由于微生物到处存在，肉制品营养丰富，适宜于微生物的生长繁殖，所以细菌特别是霉菌和酵母之类微生物的侵袭，通常是导致肉品腐败变质的主要原因。

防腐剂是对微生物具有杀灭、抑制或阻止生长作用的食品添加剂。防腐剂具有杀菌或抑制其繁殖的作用，它不同于一般消毒剂，必须具备下列条件：在肉制品加工过程中本身能破坏而形成无害的分解物；不损害肉制品的色、香、味；不破坏肉制品本身的营养成分；对人体健康无害。与速冻、冷藏、罐藏、干制、腌制等食品保藏方法相比，正确使用食品防腐剂具有简洁、无需特殊设备、经济等特点。

防腐剂使用中要注意肉制品 pH 的影响，一般说来肉制品 pH 越低，防腐效果越好。原料本身的新鲜程度与其染菌程度和微生物增殖多少有关，故使用防腐剂的同时，要配合良好的卫生条件。对不新鲜的原料要配合热处理杀菌及包装手段。工业化生产中要注意防腐剂在原料中分散均匀。同类防腐剂并用时常常有协同作用。

目前《GB 2760—2014 食品添加剂使用标准》中，允许在肉制品中使用的防腐剂有山梨酸及其钾盐、脱氢乙酸钠和乳酸链球菌素等。

四、注射

（一）注射腌制法的分类

注射腌制法是进一步改善湿腌法的一种措施，为了加速腌制时的扩散过程，缩短腌制时间，最先出现了动脉注射腌制法，其后又发展了肌肉注射腌制法。

（1）动脉注射腌制法　此法是用泵将盐水或腌制液经动脉系统压入分割肉或腿肉内的腌制方法。为散布盐液的最好方法。

注射用的单一针头插入前后腿上的股动脉的切口内，然后将盐水或腌制液用注射泵压入腿内各部位上，使其质量增加8%～10%，有的增至20%左右。

动脉注射优点是腌制速度快，因而出货迅速；其次是得率比较高。缺点是只能用于腌制前后腿，胴体分割时还要注意保证动脉的完整性，腌制的产品容易腐败变质，故需要冷藏运输。

（2）肌肉注射腌制法　此法有单针头和多针头注射法两种。肌肉注射用的针头大多为多孔的。腌制时注意以下几点：

①注射定量的盐水；

②注意注射机压力；

③保证注射针头的通畅；

④肉的腌制过程采用机械方法，即滚揉、揉搓等，加速腌制液进入肌肉组织的速度；

⑤严格控制注射温度，注射工作应在8～10℃的低温间内进行；

⑥注射多余的盐水可加入腌制容器中浸渍。

（二）注射液的配制

1. 注射液的配制方法

如某熏煮火腿配方中的辅料的成分为复合磷酸盐、碘盐、亚硝酸钠、异维生素C钠、白糖、卡拉胶、山梨酸钾、乳酸钠、大豆蛋白、淀粉、香精、味精，其斩拌顺序为：

①根据产品配方确定总加水量。

②用少量50℃以上的热水，使磷酸盐充分溶解，加入冷水，再将碘盐倒入水中搅拌溶解。

③将亚硝酸钠先用量水溶解后倒入盐水中搅拌均匀。

④用6倍于大豆分离蛋白的盐水，开动斩拌机高速乳化3min。

⑤将白糖、异维生素C钠、山梨酸钾、红曲红、味精、卡拉胶倒入斩拌机中，再加冰水，斩拌2min，然后再将乳化好的料液倒入盐水中搅拌均匀，注射液温度控制在2～4℃。

2. 盐水注射率的计算

$$盐水注射率=注射盐水质量/肉质量\times 100\%$$

（三）盐水注射机的操作规程

（1）开机前，机器必须进行清洗，用热温水（最高50℃）冲洗盐水槽，再加去污剂，把盐水注射机的盐水泵启动运转，至少允许运行5min，以便使软管和注射针被清洗干净，再用干净冷水冲洗，将去污剂全部去除掉。

（2）启动机器　控制面板上有三个不同颜色的按钮：黄、绿、红；红色按钮：停车按钮；绿色按钮：控制传送带、注射针的运行；黄色按钮：控制盐水泵电机的运行。

（3）机器运行前，应按下放气阀，以保证盐水泵的正常运行，机器正常运行时，必须将黄色及绿色两个按钮同时按下。

（4）调节装置　①注射的压力可以调节，可调节机器上的阀门，视压力表的压力来调节；②传送带的速度与注射针的速度可以调节，速度大小由手轮调定；③在注盐水前，首批肉应该称量，以控制注射的盐水量，通过压力调节以及传送带的速度调节，修正注射的百分比。应根据肉的类型来调节注射盐水量，以获得最好的效果。

五、熏制

熏制品指利用木材、木屑、茶叶、甘蔗皮、红糖等材料不完全燃烧产生的熏烟熏制而成的肉制品。烟熏是肉制品加工的主要手段，许多肉制品特别是西式肉制品如灌肠、火腿、培根等均需经过烟熏。肉品经过烟熏，不仅获得特有的烟熏味，而且保存期延长，但是随着冷冻保藏技术的发展，烟熏防腐已降为次要的位置，烟熏技术已成为生产具有特种烟熏风味制品的一种加工方法。

（一）熏制的基本原理

1. 熏烟的成分

用于熏制肉类制品的烟气，主要是木材不完全燃烧得到的。烟气是由空气

(氮、氧等) 和没有完全燃烧的产物——燃气、蒸汽、液体、固体物质的粒子所形成的气溶胶系统，熏制的实质就是制品吸收木材分解产物的过程，因此木材的分解产物是烟熏的关键。根据分析，烟气成分中已有300多种化合物，但这些成分并不是熏烟中都存在，它受很多因素的影响，如供气量与燃烧温度，与木材种类也有很大关系。一般来说，硬木（如柞木、桦木、栎木、杨木等)、竹类熏制的制品风味较好，而软木、松叶类风味较差。熏烟中最常见的化合物为酚类、有机酸类、醇类、羰基化合物、烃类以及一些气体物质，如 CO_2、CO、O_2、N_2、N_2O 等。

2. 烟熏的作用

烟熏是木材不完全燃烧产生的烟气，对肉制品进行熏烤的工艺过程。在烟熏的过程中，制品中酶的活化，水分的散失，熏烟成分的附着以及微生物的变化等对制品产生各种影响，其主要作用有以下几点：

(1) 呈味作用　烟气中许多有机化合物附着在制品上，赋予特有的烟熏香味，如酚、芳香醛、酮、酯、有机酸类等物质。特别是酚类中愈创木酚和4-甲基愈创木酚是最重要的风味物质。此外，伴随着烟熏的加热，促进了微生物、蛋白质及脂肪的分解，生成氨基酸、脂肪酸等风味物质。

(2) 发色作用　木材烟熏时产生的羰基化合物，它可以和蛋白质或其他含氮化合物中的游离氨基发生美拉德反应；另一方面随着烟熏的进行，肉温提高，促进一些还原性细菌生长，因而加速了一氧化氮血色原形成稳定的颜色。另外还会因受热有脂肪外渗，使制品带有光泽。

(3) 防腐抗氧化作用　使肉具有防腐性的主要是木材中的有机酸、醛和酚类等三类物质。有机酸可以与肉中的氨、胺等碱性物质中和，由于其本身的酸性而使肉向酸性方向发展。而腐败菌在酸性条件下一般不易繁殖，而在碱性条件下易于生长。

醛类一般具有防腐性，特别是甲醛其作用更为突出。甲醛不仅本身具有防腐作用，而且还与蛋白质、氨基酸等含有的游离氨基结合，使碱性减弱，酸性增强，从而也增加了肉的防腐作用。

酚类虽然也有防腐性，但其防腐作用比较弱，酚类具有良好的抗氧化作用，因而经过烟熏的制品其抗氧化性增强。

(4) 脱水干燥作用　烟熏使制品表面脱水，抑制了细菌的生长，有利于制品的保存。同时水分的蒸发有利于烟气的附着和渗透。

(二) 烟熏设备

1. 简易熏烟室

烟熏室要选择在湿度低的地方。其中搁架和挂棒可改成轨道和小车，这样操作更加便利。调节风门是用来调节温湿度的。室内可直接用木柴燃烧，烘焙结束后，在木柴上加木屑发烟进行烟熏。这种烟熏室操作简便，投资少。但操作人员要有一定技术，否则很难得到均匀一致的产品。该类设备是按照自然通风的要求设计的，空气流通量是用开闭调节风门进行控制，于是就能进行自然循环。

2. 强制通风式烟熏装置

该类设备熏室内空气用风机循环，产品的加热源是煤气或蒸汽，温度和湿度都可自动控制，但需要调节。其优点：烟熏室里温度均一，可防止产品出现不均匀；温度、湿度可自动调节，便于大量生烟；缩短加工时间，减少重损耗；香辛料等不会减少。

3. 隧道式连续烟熏装置

这种设备的优点是效率极高。为便于观察控制，通道内装设闭路电视，全过程均可自动控制调节。不过初期的投资费用大，而且高产量也限制了其用途，不适与批量小、品种多的肉制品的生产。

4. 熏烟发生器

强制通风式烟熏室的熏烟由传统方法提供，显然是不科学的。现通常采用熏烟发生器，其发烟方式有三种：一是木材木屑直接用燃烧发烟，发烟温度一般在500~600℃，有时达700℃，由于高温，焦油较多，存在多环芳香族化合物的问题；二是用过热空气加热木屑发烟，这时温度不超过400℃，不用担心多环芳香族化合物的问题；三是用热板加热木屑发烟，热板温度控制在350℃，也不存在多环芳香族化合物。

（三）熏制的方法

1. 冷熏法

原料经过较长时间的腌渍，带有较强的咸味以后，在低温下（15~30℃，平均25℃）进行较长时间（4~7d）的熏制。这种方法在冬季进行比较容易，而在夏季时由于气温高，温度很难控制，特别当发烟很少的情况下，容易发生酸败现象。冷熏法生产的食品水分含量在40%左右，其储藏期较长，但烟熏风味不如温熏法。冷熏法的产品主要是干制的香肠，如色拉米香肠、风干香肠等。

2. 温熏法

原料经过适当的腌渍（有时还可加调味料），然后用较高的温度（40~80℃，最高90℃）熏制。温熏法又分为中温法和高温法。

（1）中温法　温度在30~50℃，对西式火腿、培根等采用这种方法，熏制时间通常为1~2d，熏材通常采用干燥的橡材、樱材、锯末，放在熏烟室的格架底部，在熏材上面放上锯末，点燃后慢慢燃烧，室内温度逐渐上升，用这种温度熏制，重量损失少产品风味好，但耐藏性差，熏制后产品还要进行水煮过程。

（2）高温法　温度为50~80℃，通常在60℃左右，是应用广泛的一种方法。因为熏制的温度较高，制品在短时间内就能形成较好的熏烟色泽，但是熏制的温度必须缓慢升高，不能升温过急，否则产生发色不均匀的现象，一般灌肠产品的加工采用这种方法。

3. 焙熏法（熏烤法）

焙熏法烟熏温度为90～120℃，是一种特殊的熏烤方法，火腿、培根不采用这种方法。由于熏制的温度较高，熏制过程完成熟制的目的，不需要重新加工就可食用，而且熏制的时间较短。应用这种方法烟熏，肉缺乏储藏性，应迅速食用。

4. 电熏法

在烟熏室配制电线，电线上吊挂原料后，给电线通高压直流电或交流电，进行电晕放电，熏烟由于放电而带电荷，可以更深地进入肉内，以提高风味，延长储藏期，这种通电的烟熏法称为电熏法。电熏法的优点有：储藏期增加，不易发霉；缩短烟熏的时间，只有温熏法的1/2；原料内部的甲醛含量较高，使用直流电时烟更容易渗透。但用电熏法时在熏烟物体的尖端部分沉积物较多，会造成烟熏不均匀，再加上成本比较高等因素，目前电熏法还不普及。

5. 液熏法

液熏法是不用烟熏，而是将木材干馏的烟去掉有害成分，保留有效成分，并收集起来进行浓缩，制成水溶性的液体或冻结成干燥粉末，作为烟熏制剂进行熏制的一种方法。

烟熏制剂一般用硬木制得，软木虽然能用，必须注意将焦油物质去净，一般用过滤法即可除去焦油小滴和多环烃。最后产物主要是由气相组成，并且含有酚、有机酸、醇和羰基化合物。对不少液态熏烟制剂进行分析，未发现多环烃，特别是苯并芘的存在。动物中毒试验证实了化学分析的结果，即所生产的烟熏制剂内不含有致癌物质。

利用烟熏液的方法主要有二种。一是用烟熏液代替熏烟材料，用加热方法使其挥发，包附在制品上。这种方法仍需要熏烟设备，但其设备容易保持清洁状态。而使用天然熏烟时常会有焦油或其他残渣沉积，以致经常需要清洗。二是通过浸渍或喷洒法，使烟熏液直接加入制品中，这时要省去全部的熏烟工序。采用浸渍时，将烟熏液加3倍水稀释，将制品在其中浸渍10～20h，然后取出干燥，浸渍时间可根据制品的大小、形状而定。如果在浸渍时加入0.5%左右的食盐，风味更佳。一般说在稀释液中长时间浸渍可以得到风味、色泽、外观均佳的制品，有时在稀释后的烟熏液中加5%左右的柠檬酸或醋，主要是对于生产去肠衣的肠制品，便于形成外皮。

用液态烟熏剂取代熏烟后，肉制品仍然要蒸煮加热，同时烟熏制剂溶液喷洒处理后立即蒸煮，还能形成良好的烟熏色泽，为此烟熏制剂处理应在即将开始蒸煮前进行。

烟熏制剂的使用是目前的发展趋势，它的发展速度取决于自动化设施和致癌物质的清除程度。

（四）烟熏炉操作规程

（1）操作者应熟练地掌握该机器的基本性质，根据产品规格设定各种程序。

（2）开机前先检查炉内有无杂物、炉底盘上是否清洁。

（3）检查发烟器中是否有足够的烟熏材料（木屑），一般不少于木屑盒容量的一半，并设定程序。

（4）温度探头要插入熏烤肉品的中心，并避免探头损坏。根据产品的熏制情况，适当调整炉温，但炉温不能调整过高。

（5）架子车推入炉中，应保持车与车间、杆与杆间有一定距离。

（6）清洗设备时，一定不能用水淋电器设备和炉盘，保持卫生状况良好。

（7）工作中随时观察，并做好工作记录。

（8）工作结束后，关闭电源开关，操作人员才能离开现场。

任务七 | 优级火腿肠加工

一、背景知识

火腿肠，属于高温肉制品，它是以畜禽肉为主要原料，辅以填充剂（淀粉、植物蛋白粉等），然后再加入调味品（食盐、糖、酒、味精等）、香辛料（葱、姜、蒜、大料、胡椒等）、品质改良剂（卡拉胶、维生素C等）、护色剂、保水剂、防腐剂等物质，采用腌制、斩拌（或乳化）、滚揉、高温蒸煮等加工工艺制成。分为特级、优级、普通级三个级别，每个级别划分是以蛋白质含量、淀粉含量为准。1987年中国第一根火腿肠在洛阳诞生，微生物全部被杀死，保质期半年，携带方便、食用简单，中国地域辽阔、人口众多，火腿肠销量在市场上占有很大的份额。

二、实训目的

（1）能独立完成火腿肠加工操作技术。

（2）学会火腿肠传统配方的设计。

（3）能正确使用斩拌、滚揉、灌装设备及高压灭菌罐。

（4）掌握特级、优级、普通级火腿肠生产工艺。

（5）掌握火腿肠拌馅原理。

（6）熟悉火腿肠的灭菌机理。

（7）熟悉磷酸盐的作用。

三、主要原料与设备

（一）原料

猪精肉、鸡胸肉、猪脂肪、玉米淀粉、冰水、香辛料等。

（二）设备

刀具、刀棍、案板、食品箱、不锈钢盆、电子秤、天平、斩拌机、绞肉机、滚揉机、灌肠机、打卡机、杀菌罐。

四、优级火腿肠加工技术

（一）工艺流程

生产前准备工作 → 原料肉处理 → 绞肉 → 制乳化物 → 滚揉 → 充填打卡 → 蒸煮 → 冷却 →成品

（二）操作要点

1. 生产前准备工作

（1）原辅材料准备

①根据生产计划，填写领料单，领料出库。

②原料肉如果是冷冻肉，进行缓化处理。

（2）设备准备

①生产前对设备（绞肉机、斩拌机、滚揉机、灌肠机、高压杀菌罐）的安全状况进行调试预检，保证设备运行良好。

②清洗：先用90℃以上热水对设备进行清洗，然后用冷水对设备进行降温。

（3）肠衣准备　采用聚偏二氯乙烯（PVDC）片状肠衣膜。

（4）配料　按照配方及生产要求进行配料（表2－18），配料顺序为一配盐、二配磷酸盐。

表2－18　　优级火腿肠配方

名称	数量/kg	名称	数量/kg
猪精肉	32	白砂糖	1
玉米淀粉	8	大料粉	0.08
食盐	2.0	大豆分离蛋白	4.5
亚硝酸钠	0.004	猪脂肪	8
花椒粉	0.1	味精	0.3
猪肉香精	0.28	白胡椒粉	0.18
鸡胸肉	6	红曲红色素	0.024
冰水	38	亚麻籽胶	0.15
磷酸盐	0.2		

2. 原料肉处理

选取合格的猪精肉、鸡胸肉、脂肪，去除其中的碎骨、淋巴、污物等杂物，分别用 8mm 孔板绞肉机绞制。

3. 制备乳化物

乳化物制备可以采用乳化机或斩拌机。

现就斩拌机乳化工艺加以说明：先将猪脂肪投入斩拌机中高速斩拌 1. 5min，待无可见脂肪颗粒后，加入蛋白、亚麻籽胶、10kg 冰水投入斩拌机斩拌约 4. 5min（冰水陆续加入）。待乳化物整体细腻光亮、有弹性时，加入鸡胸肉、0. 5kg 盐及 5kg 冰水，斩拌约 3min，馅料更加细腻黏稠，有弹性时出料，送入低温间备用。

注意：如操作过程中未达到上述描述状态，需检查斩拌刀锋利程度、斩拌刀和斩拌锅间距、原辅料质量状况及馅料温度控制情况。

4. 滚揉

将猪精肉、剩余盐等辅料和 23kg 冰水投入滚揉罐中，0. 07MPa 真空滚揉 2h，加入乳化物、淀粉、香精，0. 07MPa 真空滚揉 0. 5h，出料。

5. 充填打卡

将馅料灌入 PVDC 片状肠衣膜内，打卡，码盘。

6. 蒸煮

将火腿肠放入高压杀菌罐内，温度控制在 121℃，压力控制在 0. 25MPa，蒸煮时间视肠体粗细而定。

7. 冷却

高压杀菌釜内冷却至 18℃以下。

8. 包装入库

按照产品生产要求装箱入库。

五、 成品评定

（1）肠衣表面光滑、干燥，肠体侧面有易拉边。

（2）色泽均匀，猪肉火腿肠肠馅颜色呈浅红色，鸡肉火腿肠肠馅颜色呈白色或淡黄色。

（3）火腿肠两端卡扣扣型完整、无残馅，生产日期清晰。

（4）肠体富有弹性，肉质细腻，入口有明显的火腿肠特有风味，后味浓郁。

一、 肉的乳化

乳化是指将原料肉、水和盐混合后经高速斩切，形成具有水包油型糊状物的过程。

二、 影响乳化程度的因素

1. 温度

摩擦作用会导致乳状物的温度升高。再斩切则摩擦表面有些脂肪熔化，蛋白质变性，从而有利于蛋白质吸附到分散的脂肪颗粒上。温度适当提高，也有助于可溶性蛋白质释放，加速腌制色形成。

2. 脂肪颗粒大小

生产中，脂肪颗粒必须粉碎细小，形成乳浊液。过度粉碎，脂肪表面积增加，可溶蛋白不足以包裹脂肪微粒。

3. pH 和可溶性蛋白

制备乳化物时，将瘦肉和盐一起斩拌，有助于蛋白质溶解和膨胀。肌肉 pH 高，有利于蛋白质提取。

4. 乳化物的黏度

黏度增加，脂肪分离的趋势减少，乳化物发生相分离是分散的脂肪微粒重新聚合成较大的脂肪颗粒的结果。

三、 斩拌机

1. 斩拌机

斩拌机在肉制品加工中的作用是将原料切割剁碎成肉糜，并同时将剁碎的原料肉与添加的各种辅料相混合，使之成为达到工艺要求的物料。斩拌刀一般都设有几个不同的转速，效率很高。这种机器内部还装有液压控制喷射器，能使搅拌的原料顺利地从搅拌罐中排出。机器的切割部分形状像一个大铁盘，盘上安有固定并可高速旋转的刀轴，刀轴上附有一排刀，随着盘的转动刀也转动，从而把肉块切碎。

斩拌机是香肠加工必不可少的机器之一。有从 20kg/锅处理量的小型斩拌机到 500kg/锅的大型斩拌机，还有在真空条件下进行斩拌的，称其为真空斩拌机。

斩拌工艺对控制产品黏着性影响很大，所以要求操作熟练。就是说，斩拌是把用绞肉机绞好的肉再进一步斩碎，从肉的组成来讲使有黏着性的成分析出，把肉和肉黏着起来。所以，斩拌机的刀必须保持锋利。

斩拌机的构造：转盘按一定速度旋转，在盘上安有呈直角的斩拌刀（3～8 片），以一定的速度旋转。斩拌机的种类很多，刀速各有不同，从每分钟数百转的超低速斩拌机到 5000r/min 的超高速斩拌机都有，可根据需要进行选择。

斩拌工艺为边斩切肉边添加调味料、香辛料及其他添加物并把其混合均匀。但旋转速度、斩拌时间、原料等的不同，斩拌的结果也有所不同，所以要注意冰和脂肪的添加量，确保斩拌质量。

2. 斩拌机操作规程

（1）开动机器之前要看转盘内是否有异物，有则立即清除。

（2）使用前要先用次氯酸钠溶液消毒，并且用清水冲洗干净后方可使用。

（3）只允许有操作经验的个人操作此机器。

（4）先按下机器电源总开关，之后导入辅料，盖好盖子再开动机器，严禁机器内无物料空转。

（5）斩刀的转速要和转盘的转速配合好，利于物料的斩切。

（6）严禁把手伸入斩刀一侧，防止发生意外。

（7）出料时要调低转速，启动出料装置到处物料，之后停止机器。

（8）使用后要及时清洗消毒，并且要盖好防止异物进入。

（9）要定期的检查机器的情况，定期的加油和更换部件。

3. 斩拌过程中辅料添加顺序

（1）原料肉适当细切或绞制（温度0~2℃）。

（2）瘦肉适当干斩。

（3）加斩拌助剂和少量冰水溶解的盐类。

（4）1/3 冰屑或水控制温度。

（5）斩至肉具有黏性，添加肥膘。

（6）添加乳化剂。

（7）1/3 冰屑或水、淀粉、香料、香精和其他。

（8）加剩余冰屑和水。

4. 斩拌程度的检验方法

如果用手用力拍打肉馅，肉馅能成为一个整体，且发生颤动，从肉馅中拿出手来，分开五指，手指间形成很好的“蹼”状粘连，说明斩拌比较成功。

斩拌时各种辅料的添加要均匀地撒在斩拌锅的周围，以达到拌合均匀的目的。

四、滚揉按摩

1. 滚揉的作用原理

按摩的作用有三点：一是使肉质松软，加速盐水渗透扩散，使肉发色均匀；二是使蛋白质外渗，形成黏糊状物质，增强肉块间的黏着能力，使制品不松碎；三是加速肉的成熟，改善制品的风味。

肉在按摩机肚里翻滚，部分肉由机肚里的挡板带至高处，然后自由下落，与底部的肉互相冲击。由于旋转是连续的，所以每块肉都有自身翻滚、互相摩擦和撞击的机会。作用是使原来僵硬的肉块软化，肌肉组织松弛，让盐水容易渗透和扩散，同时起到拌和作用。另一个作用是，肌肉里的可溶性蛋白（主要是肌浆蛋白），由于不断滚揉按摩和肉块间互相挤压渗出肉外，与未被吸收尽的盐水组成胶状物质，烧煮时一经受热，这部分蛋白质首先凝固，并阻止里面的汁液外渗流失，是提高制品持水性的关键所在，使成品的肉质鲜嫩可口。

经过初次按摩的肉，其物理弹性降低，而柔软性大大增加，能拉伸压缩，比按摩前有较大的可塑性。因此，成品切片时出现空洞的可能性减少。按摩工作应在3~5℃的冷库内进行，因为蛋白质在此温度范围提取性较好，若温度偏高或偏低，都会影响蛋白质的提取性。

2. 滚揉机操作规程

（1）装料 储存容积为 V，实际装料容积为 $2/3V$。装料时拉出机架下拉杆，往上提45°装料，当装料量为储存容积75%，滚揉效果最佳。

（2）抽真空 当装料完毕，盖上桶盖，压紧密封条，确认桶体与桶盖无空隙后，关闭换气阀，启动真空泵，当真空度达到0.06~0.08MPa后，按下停止按钮，拔下转换接头，将机器放置水平状态，准备滚揉。

（3）滚揉时间设定　时间继电器KT用于正反滚揉时间和总滚揉时间的控制，根据肉的种类及出品率要求的不同，滚揉时需达最佳时间控制。

（4）滚揉　按“正转启动”或“反转启动”按钮，本机运行，直到设定总滚揉时间结束，便自动关机。若中断，则按“总停”按钮。

（5）卸料　停止滚揉后，开启换气阀，使空气进入滚揉机，把盛肉容器移至滚揉机出料口下方，消除真空后，取下桶盖，开始卸料。

（6）清洁　将加入洗涤剂或消毒剂的温水适量灌入容器（严禁超载），使滚揉机处于滚揉状态几分钟，必要时用刷子清洗，再用清水漂洗，采用高压喷枪效果更佳。

任务八 | 玉米脆皮肠加工

一、 背景知识

玉米脆皮肠是在脆脆肠基础上发展的一款低温包装肉制品，它是以畜禽肉为主要原料，辅以填充剂（淀粉、植物蛋白粉等），然后再加入调味品（食盐、糖、酒、味精等）、香辛料（葱、姜、桂皮、大料、胡椒等）、品质改良剂（卡拉胶、维生素C等）、护色剂、保水剂、防腐剂等物质，采用斩拌（或乳化）、灌装、蒸煮、包装、二次杀菌等加工工艺而制成。在配料当中添加了甜玉米粒，口感脆嫩、香甜可口，深受青年人和儿童喜爱。

二、 实训目的

（1）能独立完成玉米脆皮肠加工操作技术。

（2）学会玉米脆皮肠配方的设计。
（3）学会香精的调配使用。
（4）能正确使用拌馅设备、烟熏设备。
（5）掌握玉米脆皮肠生产工艺。
（6）掌握斩拌机斩拌原理。
（7）熟悉糖熏的上色机理。

三、 主要原料与设备

（一）原料

鸡胸肉、鸡皮、玉米淀粉、甜玉米粒、冰水、香辛料等。

（二）设备

刀具、刀棍、案板、食品箱、不锈钢盆、电子秤、天平、斩拌机、绞肉机、灌肠机、蒸煮炉、糖熏炉、包装机、水浴杀菌机。

四、 玉米脆皮肠加工技术

（一）工艺流程

生产前准备工作→原料肉处理→斩拌→充填→烘烤→蒸煮→烟熏→冷却→包装→杀菌→成品

（二）操作要点

1. 生产前准备工作
（1）原辅材料准备
①根据生产计划，填写领料单，领料出库。
②原料肉如果是冷冻肉，进行缓化处理。
（2）设备准备
①生产前对设备的安全状况进行调试预检，保证设备运行良好。
②清洗：先用90℃以上热水对设备进行清洗，然后用冷水对设备进行降温。
（3）肠衣准备
①冲水：肠衣先用自来水冲洗三遍，洗去肠衣表面的浮盐、污物。
②浸泡：用30℃左右温水在清洗肠衣两次后，浸泡30min。
③串水：肠衣在浸泡过程中做串水处理，即将肠衣内壁用清水进行清洗。
（4）配料 按照配方及生产要求进行配料（表2－19），配料顺序为一配盐、二配磷酸盐。

表 2－19　　玉米脆皮肠配方

名称	数量/kg	名称	数量/kg
鸡胸肉	30	白砂糖	3
甜玉米粒	8	大料粉	0.08
食盐	1.6	玉米油香精	0.2
亚硝酸钠	0.004	大豆分离蛋白	4.5
花椒粉	0.1	玉米淀粉	10
胡萝卜素	0.004	味精	0.3
猪肉香精	0.15	白胡椒粉	0.16
鸡皮	15	红曲红色素	0.015
冰水	40	卡拉胶	0.1
磷酸盐	0.2	亚麻籽胶	0.15

2. 原料肉处理

选取合格的鸡胸肉、鸡皮，去除其中的碎骨、淋巴、污物等杂物，分别用 6mm 孔板绞肉机绞制。

3. 斩拌

先将鸡皮、脂肪投入斩拌机中高速斩拌 1.5min，无可见颗粒后，加入蛋白、亚麻籽胶、20kg 冰水投入斩拌机斩拌约 4.5min（冰水陆续加入）。待乳化物整体细腻光亮、有弹性时，加入鸡胸肉、盐等辅料及 25kg 冰水，斩拌约 3min，馅料更加细腻黏稠、有弹性时，加入淀粉、香精及 5kg 冰水，斩拌均匀，加入甜玉米粒拌匀，出馅温度控制在 8～10℃。

注意：如操作过程中未达到上述描述状态，需检查斩拌刀锋利程度、斩拌刀和斩拌锅间距、原辅料质量状况及馅料温度控制情况。

4. 充填

将馅料灌入胶原蛋白肠衣或五路猪天然肠衣内，扭结、穿杆、挂架。

5. 烘烤

烘烤温度控制在 78℃，时间约 35min。

6. 蒸煮

温度控制在 81℃，蒸煮时间 30min。

7. 糖熏

采用白糖、饴糖混合发烟（比例 2∶1），温度控制在 95℃，时间 20min。

8. 冷却

冷却至 18℃以下。

9. 包装、杀菌

按照产品包装袋净含量要求，准确称量。然后装袋，抽真空，封口，打印日期。包装后产品用90℃水杀菌20min，立即用冷水冷却至18℃以下。

10. 装箱、入库

先将包装纸箱用胶带封底，根据箱体要求，装入相应品种和数量的产品，封好上口，经金属探测器探测无误后，填写入库单，计数入库。

五、 成品评定

（1）颜色　表面棕黄色。

（2）形状　肠体表面光亮、无褶皱，长度6cm，似香蕉形状。

（3）风味　香甜可口，脆而不腻。

（4）上品特点　包装袋内无油无水，肠体大小一致，色泽均一，无破损。

一、 包装原料的选择

1. 阻气性

阻气性指防止大气中的氧重新进入已抽真空的包装袋内，以避免出现以下效果：

①好氧微生物迅速增殖；

②氧化作用。

所需的保质期越长，包装材料的阻气性必须越高。

2. 水蒸气阻隔性能

这一性能很重要，因为它决定了包装防止产品干燥的效果。包装材料的水蒸气阻隔性在一定程度上也有助于消除冻伤。对于干燥产品，能阻止水分从外部进入包装内。

3. 气味阻隔性能

这方面的要求包括保持包装产品本身的香味及防止外部的气味渗入。气味阻隔性能的有效性主要取决于芳香物质和所使用包装材料的性质。聚酰胺/聚乙烯（PA/PE）复合材料一般可满足鲜肉和肉制品的要求，不必采取额外措施。

4. 遮光性

光线会加速生化反应过程。如果产品不是直接暴露于阳光下，采用没有遮光性的透明薄膜就可以了。可借助下列方式产生遮光性：印刷、着色、聚偏二氯乙烯涂层（吸收紫外光）、敷金属、加上一层铝铂。

上述几种方法按照遮光效果递增的顺序排列。

5. 机械性质

包装材料最重要的机械性能是抗撕裂和抗封口破损的能力。

在大多数情况下，标准的聚酰胺/聚乙烯复合薄膜都具有有效的防护性能。要求更严格时，可采用瑟林（SURLYN）薄膜或共挤多层薄膜。

除了上述的保护功能，对包装材料的性能还应考虑下列要求：

（1）包装容易。

（2）与包装内产品及周围介质不会发生化学或物理作用。

（3）不会影响产品的味道和气味。

（4）机械加工性（易成型、密封）。

（5）可收缩特性。

（6）可杀菌性。

仅仅用一种材料不能满足所有这些要求，因此包装大多由不同材料复合而成。

二、包装方法

1. 真空包装

真空包装是指除去包装袋内的空气，经过密封，使包装袋内的食品与外界隔绝。在真空状态下，好气性微生物的生长减缓或受到抑制，减少了蛋白质的降解和脂肪的氧化酸败。另外，经过真空包装，使乳酸菌和厌气菌增殖，pH 降至 5.6 ~ 5.8，进一步抑制其他菌的生长，从而延长产品的储存期。

主要通过以下办法防止产品质量败坏：

①除去空气：抽真空使许多微生物不能繁殖，几乎完全排除了氧化作用。

②防止进一步污染：真空包装后外面的微生物再也无法接触产品。

③防止失水：产品重量和嫩度得以保持。

④防止污染和被人接触：使产品能满足购买者的卫生要求。

还可以进一步处理，如抽真空后再填充含二氧化碳的惰性气体。

其他一些常用的防腐方法也可和真空包装结合使用，如脱水、加入香料、灭菌、冷冻等。

鲜肉和肉制品生产商在采用真空包装时常抱着很大甚至不合实际的期望，有些期望看来近乎幻想。他们要求真空包装后的产品能达到比以前长好几倍的保存期，但单凭包装是不能满足这些要求的。首先必须满足一系列条件，以下是必须遵守的几个要点：

①肉和肉制品的生产或加工设施必须保持卫生。

②屠宰和包装作业之间的间隔时间和距离不能太长。

③确保只有优质、新鲜而且微生物计数少的产品才加以包装。包装不能改变劣质产品的质量，劣质产品即使采用真空包装，也照样会迅速腐败。

④pH大于5.8的肉不得包装，黑干肉（DFD）肉和白肌肉（PSE）肉不得包装。

⑤真空包装不能代替冷藏，容易腐败的肉和肉制品从屠宰厂/加工厂直至送到用户手中都要连续冷藏才可保持质量，这一点也必须告知消费者。

⑥猪肉、内脏和禽肉等即使适当加工、包装和储存（冷藏但没冷冻）也只能保存几天。这些产品必须在足够高的温度下加热方可食用。

2. 充气包装

充气包装是通过特殊的气体或气体混合物，抑制微生物生长和酶促腐败，延长食品保藏期的一种方法。充气包装可使鲜肉保持良好色泽，减少肉汁渗出。充气包装所用气体主要为N_2、CO_2、O_2、N_2惰性强，性质稳定，CO_2对于嗜低温菌有抑制作用。充气包装中使用氧气，主要是由于肌肉中肌红蛋白与氧分子结合后，成为氧合肌红蛋白从而呈现鲜艳的红色。但是氧在低温条件下也容易造成好气性假单胞菌生长，因而使肉的保存期低于真空包装。

3. 包装机操作规程

（1）包装机由专人操作，发现问题及时报告。

（2）禁止在成型模具上放东西。

（3）操作人员上班时先开气泵，再看水管是否正常流水，然后再开机加温。

（4）换模具时必须先关闭电源，以免造成重大事故。

（5）工作完毕操作人员必须用毛巾把包装机底槽擦洗干净。

（6）所有的模具由操作人员保管好，专物专放。

（7）操作人员一定要节约包装膜，不要造成不必要的浪费。

（8）配电箱上面要保持干净，禁止在上面放任何东西，平时配电箱要关闭。

（9）工作完毕后每天将机器擦洗一遍，关掉机器电源、气泵、冷却水。

（10）日常工具及换下来的剩余材料，按规定位置存放。

任务九 | 烤肉加工

一、 背景知识

烤肉是一种高档肉制品，20世纪80年代随着西方先进生产工艺的引进，我国在传统烤肉基础上进行技术革新，研制出了现在的烤肉。现在的烤肉保持了传统烤肉的风味，以猪精瘦肉为主要原料，辅以填充剂（淀粉、植物蛋白粉等），然后再加入调味品（食盐、糖、酒、味精等）、香辛料（花椒、桂皮、大料、胡椒等）、品质改良剂（卡拉胶、维生素C等）、护色剂、保水剂、防腐剂等物质，采用注射、滚揉、烘烤、蒸煮、烟熏、包装、二次杀菌等加工工艺制成。口感更加柔嫩细腻，深受消费者喜爱。

二、实训目的

（1）能独立完成烤肉加工操作技术。
（2）学会烤肉配方的设计。
（3）学会香精的调配使用。
（4）能正确使用注射设备、滚揉设备、烟熏设备。
（5）掌握烤肉生产工艺。
（6）掌握盐水注射机注射原理。
（7）熟悉滚揉机滚揉机理。

三、主要原料与设备

（一）原料

Ⅳ号猪精肉、马铃薯淀粉、食盐、香辛料、冰水等。

（二）设备

刀具、刀棍、案板、食品箱、不锈钢盆、电子秤、天平、盐水注射机、滚揉机、烟熏炉、包装机、水浴杀菌机。

四、烤肉加工技术

（一）工艺流程

生产前准备工作→原料肉处理→盐水制备→注射→滚揉→烘烤→蒸煮→熏制→包装→杀菌→成品

（二）操作要点

1. 生产前准备工作

（1）原辅材料准备

①根据生产计划，填写领料单，领料出库。

②原料肉如果是冷冻肉，进行缓化处理。

（2）设备准备

①生产前对设备的安全状况进行调试预检，保证设备运行良好。

②清洗：先用90℃以上热水对设备进行清洗，然后用冷水对设备进行降温。

（3）配料　按照配方及生产要求进行配料（表2－20），配料顺序为一配盐、二配磷酸盐。

表 2-20 烤肉配方

名称	数量/kg	名称	数量/kg
Ⅳ号猪精肉	100	肉蔻粉	0.05
食盐	2.5	白砂糖	1.0
味精	0.5	诱惑红	0.001
白胡椒粉	0.21	葱油	0.1
花椒粉	0.15	猪肉香精	0.3
红曲红色素	0.01	大豆分离蛋白	2
马铃薯淀粉	10	卡拉胶	0.1
磷酸盐	0.5	亚麻籽胶	0.1
亚硝酸钠	0.01	冰水	50

2. 原料肉处理

选取合格Ⅳ号猪精肉，去除其中的碎骨、淋巴、筋膜、肥肉、污物等杂物。

3. 盐水制备

先将磷酸盐溶解，再将剩余辅料混均（淀粉除外），用水溶解后放入低温间备用（温度控制在0~3℃）。

注意：注射液配制时，总量多配制30%。

4. 注射

调整注射机压力0.04MPa，将注射液注入精肉中，注射两次后，称量，如未达到注射量，继续注射达到注射要求为止。

5. 滚揉

0.07MPa真空条件下间歇滚揉（运行10min，停止20min）14h，切成150g肉块，加入浓稠淀粉浆，0.07MPa真空连续滚揉2h。

6. 烘烤

将滚揉好的肉块穿绳挂架，温度控制在75℃，烘烤50min。

7. 蒸煮

温度控制在85℃，蒸煮90min。

8. 糖熏

温度控制在95℃，用白砂糖熏制30min。

9. 包装杀菌

包装后用90℃水杀菌20min，立即用冷水冷却至18℃以下。

10. 装箱、入库

装箱后填写入库单，计数入库。

五、 成品评定

（1）颜色　表面金黄色。

（2）风味　肉香浓郁，回味悠长。

（3）上品特点　包装袋内无油无水，肠体大小一致，色泽均一。

一、 什么是5S管理

5S管理是整理（Seiri）、整顿（Seiton）、清扫（Seiso）、清洁（Setketsu）、素养（Shitsuke）五个项目。5S管理起源于日本，通过规范现场、现物，营造一目了然的工作环境，培养员工良好的工作习惯，其最终目的是提升人的品质，养成良好的工作习惯：

（1）革除马虎之心，凡事认真（认认真真地对待工作中的每一件“小事”）。

（2）遵守规定。

（3）自觉维护工作环境整洁明了。

（4）文明礼貌。

没有实施5S管理的工厂，职场脏乱，例如地板粘着垃圾、油渍或切屑等，日久就形成污黑的一层，零件与箱子乱摆放，起重机或台车在狭窄的空间里游走。再如，好不容易导进的最新式设备也未加维护，经过数个月之后，也变成了不良的机械，要使用的工夹具、计测器也不知道放在何处等，显现了脏污与零乱的景象。员工在作业中显得松松垮垮，规定的事项，也只有起初两三天遵守而已。改变这样工厂的面貌，实施5S管理活动最为适合。

二、 5S管理与其他管理活动的关系

（1）5S是现场管理的基础，是全面生产管理（TPM）的前提，是全面品质管理（TQM）的第一步，也是ISO9000有效推行的保证。

（2）5S管理能够营造一种“人人积极参与，事事遵守标准”的良好氛围。有了这种氛围，推行ISO、TQM及TPM就更容易获得员工的支持和配合，有利于调动员工的积极性，形成强大的推动力。

（3）实施ISO、TQM、TPM等活动的效果是隐蔽的、长期性的，一时难以看到显著的效果，而5S管理活动的效果是立竿见影。如果在推行ISO、TQM、TPM

等活动的过程中导入5S管理，可以通过在短期内获得显著效果来增强企业员工的信心。

（4）5S管理是现场管理的基础，5S管理水平的高低，代表着管理者对现场管理认识的高低，这又决定了现场管理水平的高低，而现场管理水平的高低，制约着ISO、TPM、TQM活动能否顺利、有效地推行。通过5S管理活动，从现场管理着手改进企业“体质”，则能起到事半功倍的效果。

三、5S管理的定义、目的和实施要领

1. 1S——整理

将工作场所任何东西区分为有必要的与不必要的；把必要的东西与不必要的东西明确地、严格地区分开来；不必要的东西要尽快处理掉。正确的价值意识——使用价值，而不是原购买价值。目的是腾出空间，空间活用；防止误用、误送；塑造清爽的工作场所。

生产过程中经常有一些残余物料、待修品、返修品、报废品等滞留在现场，既占据了地方又阻碍生产，包括一些已无法使用的工夹具、量具、机器设备，如果不及时清除，会使现场变得凌乱。生产现场摆放不要的物品是一种浪费；即使宽敞的工作场所，也将会逐渐变得窄小。棚架、橱柜等被杂物占据而减少使用价值。增加寻找工具、零件等物品的困难，浪费时间。物品杂乱无章地摆放，增加盘点困难，成本核算失准。

注意点：要有决心，不必要的物品应断然地加以处置。

实施要领：①自己的工作场所（范围）要全面检查，包括看得到和看不到的；②制定“要”和“不要”的判别基准；③将不要物品清除出工作场所；④对需要的物品调查使用频度，决定日常用量及放置位置；⑤制订废弃物处理方法；⑥每日自我检查。

2. 2S——整顿

对整理之后留在现场的必要的物品分门别类放置，排列整齐。明确数量，有效标识。

目的：工作场所一目了然；整整齐齐的工作环境；消除找寻物品的时间；消除过多的积压物品。

注意点：这是提高效率的基础。

实施要领：①前一步骤整理的工作要落实；②需要的物品明确放置场所；③摆放整齐、有条不紊；④地板划线定位；⑤场所、物品标示；⑥制订废弃物处理办法。

（1）整顿的“三要素”：场所、方法、标识。①放置场所——物品的放置场所原则上要100%设定；②物品的保管要定点、定容、定量；③生产线附近只能放真正需要的物品；④放置方法——易取，不超出所规定的范围，在放置方法上

多下工夫；⑤标识方法——放置场所和物品原则上一对一表示。现物的表示和放置场所的表示，某些表示方法全公司要统一，在表示方法上多下工夫。

（2）整顿的“三定”原则：定点、定容、定量。①定点：放在哪里合适；②定容：用什么容器、颜色；③定量：规定合适的数量。

重点：整顿的结果要成为任何人都能立即取出所需要的东西的状态；要站在新人和其他职场的人的立场来看，什么东西该放在什么地方更为明确；要想办法使物品能立即取出使用；另外，使用后要能容易恢复到原位，没有恢复或误放时能马上知道。

3. 3S——清扫

将工作场所清扫干净，保持工作场所干净、亮丽。

目的：消除脏污，保持职场内干净、明亮；稳定品质；减少工业伤害。

注意点：责任化、制度化。

实施要领：①建立清扫责任区（室内、外）；②执行例行扫除，清理脏污；③调查污染源，予以杜绝或隔离；④建立清扫基准，作为规范；⑤开始一次全公司的大清扫，每个地方清洗干净；⑥清扫就是使职场进入没有垃圾，没有脏污的状态，虽然已经整理、整顿过，要的东西马上就能取得，但是被取出的东西要达到能被正常使用的状态才行。而达到这种状态就是清扫的第一目的，尤其目前强调高品质、高附加值产品的制造，更不容许有垃圾或灰尘的污染，造成品质不良。

4. 4S——清洁

将上面的3S实施的做法制度化、规范化。

目的：①维持上面3S的成果；②注意点：制度化，定期检查。

实施要领：①落实前3S工作；②制订目视管理的基准；③制订5S实施办法；④制订考评、稽核方法；⑤制订奖惩制度，加强执行；⑥高阶主管经常带头巡查，带动全员重视5S活动。

5S活动一旦开始，不可在中途变得含糊不清。如果不能贯彻到底，又会形成另外一个污点，而这个污点会造成公司内保守而僵化的气氛：我们公司做什么事都是半途而废、反正不会成功、应付应付算了。要打破这种保守、僵化的现象，唯有花费更长时间来改正。

5. 5S——素养

通过晨会等手段，提高员工文明礼貌水准，增强团队意识，养成按规定行事的良好工作习惯。目的是提升人的品质，使员工对任何工作都讲究认真。

注意点：长期坚持，才能养成良好的习惯。

实施要领：①制订服装、臂章、工作帽等识别标准；②制订公司有关规则、规定；③制订礼仪守则；④教育训练（新进人员强化5S教育、实践）；⑤推动各种精神提升活动（晨会，例行打招呼、礼貌运动等）；⑥推动各种激励活动，遵守规章制度。

四、 5S 管理的效用

5S 管理的五大效用可归纳为：5 个 S，即：Sales、Saving、Safety、Standardization、Satisfaction。

（1）5S 管理是最佳推销员（Sales） 被顾客称赞为干净整洁的工厂使客户有信心，乐于下订单；会有很多人来厂参观学习；会使大家希望到这样的工厂工作。

（2）5S 管理是节约家（Saving） 降低不必要的材料、工具的浪费；减少寻找工具、材料等的时间；提高工作效率。

（3）5S 管理对安全有保障（Safety） 宽广明亮、视野开阔的职场，遵守堆积限制，危险处一目了然；走道明确，不会造成杂乱情形而影响工作的顺畅。

（4）5S 管理是标准化的推动者（Standardization） “三定”、“三要素”原则规范作业现场，大家都按照规定执行任务，程序稳定，品质稳定。

（5）5S 管理形成令人满意的职场（Satisfaction） 创造明亮、清洁的工作场所，使员工有成就感，能造就现场全体人员进行改善的气氛。

任务十 | 八珍烤鸡加工

一、 背景知识

八珍烤鸡是以 8 种香辛料，即红参、黄花、灵芝、枸杞子、天麻、丁香、砂仁和肉豆蔻作为主要腌制料而得名。八珍烤鸡选用新鲜肉鸡为原料，经过腌制、上光、整型、烤制等工艺，配用香菇、葱段、生姜等作为辅助调味品制成，具有补中益气、健脾固肾、壮心旺血、温胃去寒的作用，产品风味独特，色香味俱佳。

二、 实训目的

（1）能独立完成八珍烤鸡加工操作技术。
（2）学会八珍烤鸡配方的设计。
（3）学会香辛料的调配使用。
（4）能正确使用烤禽箱设备。
（5）掌握八珍烤鸡生产工艺。
（6）认识腌制汤料的重要性。
（7）熟悉烘烤温度对产品颜色的影响。

三、主要原料与设备

（一）原料

净膛鸡、碘盐、大葱、白糖、香辛料等。

（二）设备

刀具、刀棍、案板、食品箱、不锈钢盆、电子秤、天平、烤禽箱。

四、八珍烤鸡加工技术

（一）工艺流程

生产前准备工作→汤料制备→原料处理→腌制→上光→整形→烤制→成品

（二）操作要点

1. 生产前准备工作

（1）原辅材料准备

①根据生产计划，填写领料单，领料出库。

②原料如果是冷冻的，进行缓化处理。

（2）设备准备

①生产前对设备的安全状况进行调试预检，保证设备运行良好。

②清洗：先用90℃以上热水对设备进行清洗，然后用冷水对设备进行降温。

（3）配料　按照配方及生产要求进行配料（表2－21）。

表2－21　八珍烤鸡配方

名称	数量/g	名称	数量/g
花椒	25	肉豆蔻	5
黄芪	30	味精	100
天麻	15	亚硝酸钠	1
白芷	10	红参	20
砂仁	5	枸杞子	30
碘盐	1000	山柰	15
料酒	200	草蔻	15
姜	750	桂皮	10
大料	25	白糖	500
灵芝	30	葱	1500
丁香	10	牛骨棒	适量
陈皮	10	鸡骨架	适量

注：以10只净膛肉鸡计。

2. 腌制料汤制备

（1）称量：牛骨棒、鸡骨架用电子秤称量，具体用量根据容器大小进行调整。

（2）清洗：葱、姜用自来水清洗干净，葱选用葱白，姜尽量选用鲜姜。

（3）预煮：选取鸡骨架、牛大骨头（断折），用开水烫煮 1 ~ 2min，捞出备用。

（4）料汤制备　将香辛料先用食用油炒制后包成料包，投入水锅中，加入鸡骨架、牛骨头、盐、葱等辅料，大火煮沸后，小火煮制 2h，重复 4 次后可以用于生产。

3. 原料处理

（1）选料　选用 1.5kg 左右新鲜净膛肉鸡。

（2）焯水　用开水烫煮 1 ~ 2min，捞出备用。

4. 腌制

在肉鸡的腹腔内放入香菇、生姜、大葱等。待腌制料汤冷却后，倒入容器内，将净膛肉鸡浸泡在此料汤里，在 8 ~ 10℃ 腌制 24h，使汤料的味能浸透于鸡肉内部。

5. 上光

腌制好的肉鸡沥干水分，用蜂蜜均匀地涂在鸡身上。

6. 整形

首先用骨剪将鸡胸部的软骨剪断，然后将右翅从宰杀刀口处插入口腔，从嘴里穿出，将右翅折在鸡膀下，同时将左翅折回，最后将两翅交叉插入腹腔中。

7. 烤制

接通电源，先预热至 250℃，然后关闭开关，将整形好的鸡放在烤箱内挂钩上，关闭烤箱门，打开开关，待温度升至 250℃ 时烘烤 20min 后，拨开排气孔，5min 后并闭气孔，使水分和油烟排出烤箱。将温度降至 180℃ 后，再烘烤 30min 后关闭开关，取出烤鸡即成。

五、 成品评定

（1）颜色　表面金黄色或黄褐色。

（2）风味　肉香浓郁，鸡肉里外香味一致，回味悠长。

（3）口感　整只鸡皮脆肉嫩，酥而不散，入口不腻，肉不粘骨。

（4）上品特点　整鸡形体完整，大小一致，色泽均一。

一、车间卫生清扫原则

不同区域先里后外，先净区后脏区，同一区域先上后下，防止清扫后的重新污染。

二、清扫方法、频率、时间和标准

（一）天花板的清洗

1. 清洗方法

用洗洁精仔细擦洗后用清水擦洗，然后用100mg/L次氯酸钠溶液擦洗后再擦干；如发现天花板有损坏、脱落等可能时，及时报告车间主管马上安排维护或维修。

2. 清洗频率和时间

天花板每周清洗消毒一次，正常情况每周六生产完毕后进行。

3. 清洗消毒标准

清洗后天花板完好平整，无污点，无水滴，无易松脱部件和附着物；消毒后符合食品接触面的微生物指标要求。

（二）地面、墙壁、门窗清洗

1. 清扫方法

墙壁、门窗用洗洁精擦洗后用清水冲洗，擦干后喷洒100mg/L次氯酸钠溶液；地面先用食用碱面刷洗，然后用清水冲洗，刮干后喷洒100mg/L次氯酸钠溶液；清扫时如发现墙壁、地面、门窗及玻璃等有损坏、瓷砖脱落、锈迹等对产品的安全、卫生和质量存在潜在危害时，要及时报告车间主管马上安排维修、清除。

2. 清扫频率和时间

地面、墙壁、门窗每天生产结束后清扫一次。

3. 清洗消毒标准

清洗后墙壁、地面、门窗完好无污点，无杂质，无水滴；消毒后符合食品接触面的微生物指标要求。

（三）保鲜库的清扫

1. 清扫方法及频率

每天生产结束后彻底清理保鲜库内存放的原料、辅料及暂存的其他物品、容器，无用的物品及时清除，不能继续储存的原辅料马上处理，可以继续暂存的物品做好标识按规定存放，清理时检查有无物品脱落隐患，如有马上汇报车间主管进行处理。

物品整理好后进行清扫，先将风机清理干净，再擦洗干净天花板、墙壁、架子，最后把地面擦洗干净，然后用100mg/L次氯酸钠溶液喷洒消毒。

注意：清扫消毒时必须注意防止污染产品、原料和辅料。

2. 清扫标准

保鲜库内干净、无杂物、无污物，无微生物滋生、繁殖条件。

（四）车间照明灯具及其支架的清扫

1. 清扫方法

用半湿的抹布擦拭干净后喷洒75%酒精，如发现灯具及支架有附着物、锈迹或预脱落漆片要马上汇报车间主管处理。

2. 清扫频率和时间

每两天清扫一次，无特殊情况单日进行。

3. 清扫标准

清扫后灯具及其支架无污物、灰尘，支架无漆、锈脱落的可能。

（五）空调通风口过滤网的清扫

1. 清扫方法

摘下过滤网用洗洁精浸泡、刷洗干净后用清水冲洗，晾干后安装。

2. 清扫频率和时间

每年使用空调前清洗一次。

3. 清扫标准

清扫后过滤网无污物，无灰尘，通风良好。

（六）滚揉机的清洗、消毒和检查

1. 清扫方法

使用前打开滚揉机盖，用82℃以上热水→50mg/L次氯酸钠溶液→清水依次清洗滚揉机罐体；使用完毕后，用82℃以上热水→50mg/L次氯酸钠溶液→清水依次将滚揉机内清洗消毒干净，然后用消毒水浸泡后的毛巾将滚揉机内外、电源箱、抽空机擦干，注意切勿将水浸入电源箱；清理完毕检查有无零部件脱落或预脱落，如有及时汇报车间主管处理，有脱落部件要封存当日产品，直到找到为止；有预脱落部件及时处理。

2. 清扫频率和时间

每天生产结束后清洗消毒一次，使用前清洗消毒一次。

3. 清扫标准

清洗消毒后滚揉机清洁，无肉渣，无异物，内壁及表面符合公司关于食品接触面的微生物指标要求。

(七) 蒸煮机的清扫

1. 清扫方法

(1) 产品加工完毕，驱动网带最快运转，用毛刷在网带上来回清刷，直至把网带间隙的油污刷净。

(2) 升起机罩，放上保险杠，用高压喷枪冲洗网带、支架、蒸汽管道、传动轴等部位。

(3) 机体内冲洗干净后，仔细检查蒸煮机有无零部件脱落或预脱落，如有及时汇报车间主任处理，有脱落部件要封存当日产品，直到找到为止；有预脱落部件及时处理。

(4) 洒 100mg/L 次氯酸钠溶液消毒。

(5) 放下机罩，把罩体上的水、油污擦干净，保持设备外表的清洁。

(6) 蒸煮机网带消毒程序：82℃热水→100mg/L 次氯酸钠溶液→清水擦干净，消毒完毕，彻底检查清理网带、进出口周边异物及污染物。

2. 清扫频率和时间

每天生产完毕按 (1) → (5) 清洗一次，生产前按 (6) 的程序对网带进行消毒，并检查运转正常后使用。

3. 清扫标准

清扫后的蒸煮机内外洁净无异物、污物，符合食品接触面的微生物指标要求。

(八) 金属探测仪

1. 清扫方法

擦干传送带及机体表面的污物，用 75% 的酒精喷洒消毒。

2. 清扫频率和时间

生产前和生产结束各彻底清扫一次，并检查有无零部件脱落或预脱落，如有及时汇报车间主管处理，有脱落部件要封存当日产品，直到找到为止；有预脱落部件及时处理；生产过程每半小时一次将传送带擦干净并用 75% 酒精消毒。

3. 清扫标准

清扫后的金属探测器表面及传送带无污物，并符合食品接触面的微生物指标要求。

(九) 封口机

1. 清扫方法

擦干传送带及机体表面的污物，用 75% 的酒精喷洒消毒。

2. 清扫频率和时间

生产前和生产结束各彻底清扫一次，并检查有无零部件脱落或预脱落，如有及时汇报车间主管处理，有脱落部件要封存当日产品，直到找到为止；有预脱落部件及时处理。

3. 清扫标准

清扫后的封口机传送带表面无污物，并符合公司关于食品接触面的微生物指标要求。

（十）工器具、工人手及工作台面等的清洗与消毒

1. 生区

（1）工人手

入车间前：按入车间洗手消毒程序洗手消毒（包括外来参观、检查人员）一次。表面符合食品接触面的微生物指标要求。

生产中：清水→皂液→清水→50mg/L次氯酸钠溶液→清水。生产中每小时一次。

如厕后：每次如厕后，先洗手消毒后再更衣，入车间前按入车间洗手消毒程序洗手消毒。

（2）刀、剪、镗刀棍、不锈钢盘、塑料盒、肉板、磅罩　温水→洗洁精刷净油污、污物→清水冲洗→82℃以上热水煮15min→清水冷却→检查有无破碎、异物。生产前后各一次，生产过程每小时一次。无破碎，无油污、异物，无附着物，表面符合食品接触面的微生物指标要求。

如发现有破损工器具挑出单独存放并填入《工器具更换记录》。

（3）周转筐　温水→洗洁精刷净油污、污物→清水冲洗→82℃以上热水煮5min→清水冷却→检查有无破碎、异物。周转一次清洗消毒一次。

浸泡筐、过滤筐 温水→洗洁精刷净油污、污物→清水冲洗→82℃以上热水煮15min→清水冷却→检查有无破碎、异物。生产结束清洗消毒一次，生产前消毒一次。

（4）工作台面　生产前用82℃以上热水擦洗后用50mg/L次氯酸钠溶液消毒的毛巾擦干，再用75%酒精喷洒消毒；

生产中用75%酒精喷洒消毒。生产前、生产中每小时一次。无碎肉、无异物，表面符合食品接触面的微生物指标要求。

（5）运料车　清水冲洗干净，用82℃以上热水冲洗消毒。每4h一次。清洁，无碎肉、无异物。

（6）工作服、围裙　臭氧消毒 生产前或生产结束后一次。

（7）水鞋　清水刷洗干净，臭氧消毒；生产前或生产结束；200mg/L次氯酸钠溶液浸泡；每次入车间前。

2. 熟食区

（1）工人手　入车间前按入车间洗手消毒程序洗手消毒（包括外来参观、检查人员）。入车间前一次。表面符合公司关于食品接触面的微生物指标要求。

生产中：清水→皂液→清水→50mg/L次氯酸钠溶液→清水。生产中每半小时一次。

每次如厕后：先洗手消毒后再更衣，入车间前按入车间洗手消毒程序洗手消毒。

（2）串盒　温水→洗洁精刷净油污、污物→清水冲洗→82℃以上热水煮5min→清水冷却→检查有无破碎、异物。生产前全部煮30min，生产过程使用一次按程序清洗消毒一次，消毒后在30min内使用。无破碎，无附着物，表面符合公司关于食品接触面的微生物指标要求。

如发现有破损工器具挑出单独存放并填入《工器具更换记录》。

（3）不锈钢盘　温水→洗洁精刷净油污、污物→清水冲洗→82℃以上热水煮5min→清水冷却→擦干并检查有无破碎、异物。生产前全部煮30min，生产过程使用一次清洗消毒一次，消毒后在30min内使用。

（4）磅罩、塑料盒/筐/检验间用塑料标识牌　温水→洗洁精刷净油污、污物→清水冲洗→82℃以上热水煮5min→清水冷却→擦干并检查有无破碎、异物。生产前全部煮30min，生产过程每30min清洗消毒一次。

（5）工作台面/门把手/单冻机出、入料口　生产前用82℃以上热水擦洗后用50mg/L次氯酸钠溶液消毒的毛巾擦干，再用75%酒精喷洒消毒一次；生产中用75%酒精喷洒消毒。生产前一次，生产中每半小时一次。无碎肉、无异物，表面符合公司关于食品接触面的微生物指标要求。

（6）起盘用小铲子　50mg/L次氯酸钠溶液浸泡。每半小时更换一次。表面符合公司关于食品接触面的微生物指标要求。

（7）工作服、围裙　臭氧消毒。生产前或生产结束后一次。

（8）水鞋　清水刷洗干净，臭氧消毒。生产前或生产结束。

（十一）提货车/入库车的清扫

（1）清扫方法　热水刷洗。

（2）清扫频率和时间　4h一次。

（3）清扫标准　清洁，无产品残渣、异物等。

（十二）车间辅助设施的清扫

（1）更衣室、接待室　洗洁精刷洗鞋架、墙壁、地面，每天三次，清洁卫生、无杂物、异物。

（2）臭氧　空气消毒。每天生产结束后。

（3）卫生间　收拾清除杂物，刷洗、墙壁、地面、冲洗便池、便桶。每天四次。清洁卫生，无杂物，无异味。

（4）洗手消毒槽和水鞋消毒槽　放水刷洗（必要时先用洗洁精）后用50mg/L次氯酸钠溶液消毒，同时进行换水；手消毒槽2h一次。

（5）水鞋消毒槽4h一次。清洁，无异物、油污，表面符合公司关于食品接触面的微生物指标要求，消毒水浓度达到浓度。

（6）防蝇帘　洗洁精擦洗→清水擦洗→50mg/L次氯酸钠溶液擦洗。每天一次。清洁，无灰尘、异物。

（7）灭蝇灯　清除飞虫、异物、灰尘。每天生产结束一次。无飞虫、灰尘，如有飞虫，要分析来源并采取相应的措施防治。

任务十一 | 太仓肉松加工

一、背景知识

肉松又称肉绒，属于干肉类肉制品系列，在中国生产历史悠久。太仓肉松是肉松类食品中具有代表性的产品之一。据传，清朝同治十三年（1874 年），太仓城有门望族，一日大宴宾客，胖厨师倪水忙中出错，竟将红烧肉煮酥了，情急中去油剔骨，将肉放在锅里拼命炒，端上桌称是“太仓肉松”，不料举桌哄动，誉为太仓一绝。太仓肉松以猪精肉为主要原料，经过分割、煮制、炒松、搓松、包装等工艺生产而成，由于太仓肉松营养丰富，易于消化，被育婴妈妈们选用作为婴幼儿辅食添加的重要食物。

二、实训目的

（1）能独立完成太仓肉松制作操作技术。

（2）学会太仓肉松配方的设计。

（3）能正确使用炒松机设备、搓送机设备。

（4）掌握太仓肉松生产工艺。

（5）了解搓肉松的原理。

（6）熟悉原料肉对肉松质量的影响。

三、主要原料与设备

（一）原料

猪精肉、黄酒、食盐、味精、酱油、茴香、白糖、生姜。

（二）设备

刀具、刀棍、案板、食品箱、不锈钢盆、电子秤、天平、夹层锅、炒松机、搓松机、跳松机。

四、太仓肉松加工技术

（一）工艺流程

生产前准备工作→原料肉整理→煮制→炒松→搓松→跳松→拣松→包装

（二）操作要点

1. 生产前准备工作

（1）原辅材料准备

①根据生产计划，填写领料单，领料出库。

②原料如果是冷冻的，进行缓化处理。

（2）设备准备

①生产前对设备的安全状况进行调试预检，保证设备运行良好。

②清洗：先用90℃以上热水对设备进行清洗，然后用冷水对设备进行降温。

（3）配料　按照配方及生产要求进行配料（表2－22）。

表2－22　太仓肉松配方

名称	数量/kg	名称	数量/kg
猪精肉	25	酱油	2
味精	0.2	生姜	0.5
白糖	1.5	食盐	1
黄酒	2	茴香	0.06

2. 原料肉整理

选取检疫合格的猪瘦肉，最好用后腿瘦肉。将肉剔骨并从中间剖开，修割去除肥膘、皮、筋、碎骨和淋巴等，然后顺肌肉纤维方向切成大约500g的小块。用清水冲洗，并适当浸泡以除去血污。

3. 煮制

煮制的时间和加水量应根据肉质老嫩决定。煮肉时间通常为2～3h。

肉煮好后关掉热源，将锅中肉汤全部舀出，用铲子将肉块顺肌肉纤维铲成细长的纤维束状，然后将先前的肉汤再倒入锅中，适量加水。打开热源大火烧煮至沸腾，然后关小阀门，当表面的浮油与水分清时进行撇油。撇油过程中应随时加水，以保证肉汤总量基本不变。当大部分油撇去后（约需1h），将酱油、食盐放入，并随时撇油，基本无油时可加入糖。

当油撇干净后开始收汤，此时应开大蒸汽阀门大火收汤，待汤浓缩至大约一半时可加入黄酒、味精等，收汤过程中应不断翻炒以免粘锅。待水分大部分蒸发完毕时，可关闭热源，利用余热将汤全部吸完。

4. 炒松

将收好汤的肉送入炒松机进行炒松。用文火炒40～50min，当肉松水分达到17%左右即可进行搓松。

5. 搓松

炒好后的肉松立即送入滚筒式搓松机内进行搓松，根据肉丝的情况可搓几次松。

6. 跳松

利用机器跳动，使肉松从跳松机上面跳出，肉粒则从下面落出，使肉松与肉粒分离。

7. 拣松

将肉松中焦块、肉块、粉粒等拣出，提高成品品质。

8. 包装、储藏

短期储藏可选用复合膜包装，储藏期为 3 个月左右；长期储藏多选用玻璃瓶或马口铁罐，可储藏 6 个月左右。

五、 成品评定

（1）颜色　表面金黄色。

（2）风味　肉香浓郁，香味一致，回味悠长。

（3）口感　如丝如絮，入口即化。

（4）上品特点　松绒长短整齐，粗细均匀，色泽均一，无黏贴结块现象。

任务十二 | 牛肉干加工

一、 背景知识

牛肉干属于干肉类肉制品系列，在中国生产历史悠久。据考证，风干牛肉曾是蒙古族群众独享的草原美食。早在成吉思汗建立蒙古帝国时期，蒙古骑兵与牛肉干有着不解之缘，在征战中，蒙古骑兵就是依靠马匹和畜群来给养的；这在后勤上大大减少了军队行进的辎重。牛肉干在成吉思汗远征作战中起着很重要作用，因此，风干牛肉被誉为“成吉思汗的远征军粮”。牛肉干主要以牛前、后腿肉为主要原料，经过分割、腌制、蒸煮、烘干、包装而成。

二、 实训目的

（1）能独立完成牛肉干加工操作技术。

（2）学会牛肉干配方的设计。

（3）能正确使用干燥箱设备。

（4）掌握牛肉干生产工艺。

（5）了解牛肉部位对牛肉干质量的影响。

（6）熟悉烘烤温度对产品颜色的影响。

三、 主要原料与设备

（一）原料

牛肉、食盐、五香浸出液、白砂糖、香辛料等。

（二）设备

刀具、刀棍、案板、食品箱、不锈钢盆、电子秤、天平、烘烤箱、油炸机。

四、 牛肉干加工技术

（一）工艺流程

生产前准备工作→原料肉修整→切块→腌制→蒸熟→切条→脱水→包装

（二）操作要点

1. 生产前准备工作

（1）原辅材料准备

①根据生产计划，填写领料单，领料出库。

②原料如果是冷冻的，进行缓化处理。

（2）设备准备

①生产前对设备的安全状况进行调试预检，保证设备运行良好。

②清洗：先用90℃以上热水对设备进行清洗，然后用冷水对设备进行降温。

（3）配料　按照配方及生产要求进行配料（表2－23）。

表2－23　牛肉干配方

名称	数量/kg	名称	数量/kg
牛肉	100	黄酒	1.5
酱油	2.0	姜汁	0.2
抗坏血酸钠	0.05	白砂糖	2.0
五香浸出液	9.0	味精	0.2
食盐	1.3	亚硝酸钠	0.01

2. 原料肉修整

（1）选择脂肪少、蛋白质含量高的前、后腿肉为佳。

（2）将原料肉的脂肪及筋腱除去，然后用清水把纯瘦肉洗净沥干，提前浸泡1h左右。

3. 切块

将原料肉顺纤维方向切成200g左右的菱形肉块。

4. 腌制

拌匀辅料，送入8～10℃腌制间腌制48～56h。

5. 蒸煮

在100℃蒸汽下加热40～60min至中心温度为80～85℃。

6. 切条

熟制的牛肉块冷却到室温后，切成5mm厚的肉条。

7. 脱水

脱水有以下三种方法：

（1）烘烤法　将收汁后的肉坯铺在筛网上，放置于烘箱烘烤。烘烤温度前期控制在80～90℃，后期控制在50℃左右，一般需要5～6h可使含水量下降到20%以下。

（2）炒干法　铁锅干炒。

（3）油炸法　将肉坯投入135～150℃的油炸机中油炸。炸到肉块呈微黄色后，捞出并滤净油即可。

8. 包装

按照产品包装袋净含量要求，准确称量；装袋，抽真空，封口，打印日期；装箱入库。

五、成品评定

（1）颜色　表面红褐色。

（2）风味　肉香浓郁，回味绵长，越嚼越香。

（3）口感　具有一定硬度、韧度，富有咀嚼感。

（4）上品特点　形状整齐，大小均匀，色泽均一。

任务十三 | 猪肉丸子加工

一、背景知识

肉丸是中国传统美食，制作历史悠久，是主要以畜禽肉为原料，经绞肉、调味、制馅、成型、熟制等工艺加工而成的肉制品。按照熟制方式不同，肉丸可分为油炸肉丸和水煮肉丸两种。随着中国经济发展，肉制品生产技术革新取得重大进展，20世纪80年代后期，在水煮肉丸基础上发展了速冻肉丸的生产。然而，油炸肉丸作为传统美食，仍然是大众餐桌的美食。

二、实训目的

（1）能独立完成猪肉丸子加工操作技术。
（2）学会猪肉丸子配方的设计。
（3）能正确使用油炸机设备。
（4）掌握猪肉丸子生产工艺。
（5）熟悉油炸温度对产品质量的影响。
（6）熟悉食品添加剂在猪肉丸子制作中的作用。

三、主要原料与设备

（一）原料

猪精肉、猪脂肪、玉米淀粉、面粉、饮用水、食盐等。

（二）设备

刀具、刀棍、案板、食品箱、不锈钢盆、电子秤、天平、绞肉机、拌馅机、肉丸成型机、油炸锅。

四、猪肉丸子加工技术

（一）工艺流程

生产前准备工作→原料肉处理→绞肉→斩葱、姜→制馅→成型→油炸→成品

（二）操作要点

1. 生产前准备工作

（1）原辅材料准备

①根据生产计划，填写领料单，领料出库。

②原料肉如果是冷冻肉，进行缓化处理。

（2）设备准备

①生产前对设备的安全状况进行调试预检，保证设备运行良好。

②清洗：先用90℃以上热水对设备进行清洗，然后用冷水对设备进行降温。

（3）配料　按照配方及生产要求进行配料（表2－24），配料顺序为一配盐、二配磷酸盐。

2. 原料肉处理

选取检验合格的Ⅱ、Ⅳ号猪精肉，去除猪毛、淋巴等杂物，分割成200g左右肉块。

3. 绞肉

猪肉、肥膘分别用5mm孔板绞肉机分别绞制。

表 2－24 猪肉丸子配方

名称	数量/kg	名称	数量/kg
猪精肉	70	磷酸盐	0.3
面粉	4	花椒粉	0.2
食盐	1.8	鲜姜	1.5
味精	0.2	玉米淀粉	4
大葱	3	白砂糖	1
猪脂肪	22	亚硝酸钠	0.001
饮用水	20	香油	1

4. 斩葱、姜

将洗净、称量后的葱、姜投入斩拌机斩成碎末。

5. 制馅

将绞好的猪肉片投入拌馅机，加入盐、糖、磷酸盐、味精等混匀辅料，凉水（水分3次陆续加入），拌合3～5min，加入肥膘、淀粉、面粉、葱、姜、香油拌合均匀即可。

6. 成型

将肉馅制成均匀的圆形，可以手工成形，亦可机械成型。丸子直径为35cm。

7. 油炸

油炸分为初炸和复炸，初炸油温控制在170℃左右，时间4～6min，待丸子全部浮起，形成黄色硬壳时捞出，并将粘连在一起的丸子磕开，然后在放入145℃的油温锅内复炸，时间为3min，丸子呈棕褐色时捞出，即为成品。

五、 成品评定

（1）颜色　表面呈棕褐色，内部灰白色。

（2）形状　个头圆且整齐，不破不碎。

（3）风味　外焦里嫩，香酥适口。

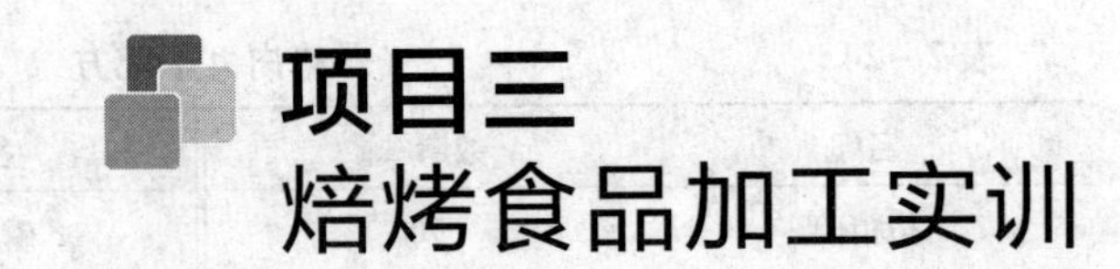

项目三 焙烤食品加工实训

任务一 | 面包加工

一、背景知识

面包，是一种用五谷（一般是麦类）磨粉制作而成的食品。常见的是以小麦粉为主要原料，以酵母、鸡蛋、油脂、果仁等为辅料，加水调制成面团，经过发酵、整形、成形、焙烤、冷却等过程加工而成的焙烤食品。

面包按照材料可分为以下几种。

（1）主食面包　主食面包，顾名思义，即是当作主食来消费的。主食面包的配方特征是油和糖的比例较其他的产品低一些。根据国际上主食面包的惯例，以面粉量作基数计算，糖用量一般不超过10%，油脂低于6%。其主要根据是主食面包通常是与其他副食品一起食用，所以本身不必要添加过多的辅料。主食面包主要包括平项或弧顶枕形面包、大圆形面包、法式面包。

（2）花色面包　花色面包的品种甚多，包括夹馅面包、表面喷涂面包、油炸面包圈及因形状而异的品种等几个大类。它的配方优于主食面包，其辅料配比属于中等水平。以面粉量作基数计算，糖用量12% ~15%、油脂用量7% ~10%，还有鸡蛋、牛乳等其他辅料。与主食面包相比，其结构更为松软、体积大、风味优良，除面包本身的滋味外，尚有其他原料的风味。

（3）调理面包　属于二次加工的面包，烤熟后的面包再一次加工制成，主要品种有三明治、汉堡包、热狗三种。实际上这是从主食面包派生出来的产品。

（4）丹麦酥油面包　这是一种新开发的产品，由于配方中使用较多的油脂，又在面团中包入大量的固体脂肪，所以属于面包中档次较高的产品。该产品既保持面包特色，又近于馅饼（Pie）及千层酥（Puff）等西点类食品。产品问世以后，由于酥软爽口、风味奇特，更加上香气浓郁，备受消费者的欢迎，产量获得较大幅度的增长。

二、实训目的

（1）正确选择面包生产所需的原辅料。

（2）掌握面包制作的各个工艺环节、操作要点。

（3）正确选择面包烘烤的时间、温度等参数，正确掌握烘烤程度。

（4）会分析解决生产中的常见问题。

三、主要原料与设备

（一）原料

高筋粉、全麦粉、鸡蛋、细砂糖、油脂、干酵母等。

（二）设备

和面机、醒发箱、烤箱。

四、面包加工技术

（1）按照配方进行配料（表3－1）。

表3－1　面包配方

名称	数量/g	名称	数量/g
高筋粉	100	细砂糖	18
食盐	3	干酵母	1小勺
鸡蛋	20	牛乳	90
黄油	30	麦芽糖	2

（2）将面团搅拌至面筋扩展阶段。

（3）进行基本发酵，28℃，约1h，至体积膨大至原体积的2倍。

（4）排气，分割成9份，滚圆，中间发酵15min。

（5）根据需要可整形成单结、双结、八字形、麻花、辫子等。

（6）整形完成后，放入烤盘，38℃、相对湿度85%的环境下进行最后发酵，体积膨大到2倍。

（7）表面刷上蛋液，200℃烘烤15min左右，即得成品。

任务二 | 海绵蛋糕加工

一、 背景知识

蛋糕是一种古老的西点，一般是由烤箱制作的，蛋糕是用鸡蛋、白糖、小麦粉为主要原料，以牛乳、果汁、乳粉、香粉、色拉油、水、起酥油、泡打粉为辅料，经过搅拌、调制、烘烤后制成的一种像海绵的点心。

海绵蛋糕是利用蛋白起泡性能，使蛋液中充入大量的空气，加入面粉烘烤而成的一类膨松点心。因其结构类似于多孔的海绵而得名。国外又称为泡沫蛋糕，国内称为清蛋糕。

制作海绵蛋糕用料有鸡蛋、白糖、面粉及少量油脂等，其中新鲜的鸡蛋是制作海绵蛋糕的最重要的条件，因为新鲜的鸡蛋胶体溶液稠度高，能打进气体，保持气体性能稳定；存放时间长的蛋不宜用来制作蛋糕。制作蛋糕的面粉常选择低筋粉，其粉质要细，面筋要软，但又要有足够的筋力来承担烘烤时的胀力，为形成蛋糕特有的组织起到骨架作用。

二、 实训目的

（1）正确选择制作海绵蛋糕的各种原辅料。
（2）掌握海绵蛋糕的打发方法、判断打发程度。
（3）会选择正确的烤制时间和温度。
（4）掌握判断烤熟与否的方法。

三、 主要原料与设备

（一）原料

低筋面粉、鸡蛋、细砂糖、色拉油或黄油。

（二）设备

烤箱、打蛋器、15.24cm（6 寸）圆模（2 个）。

四、 海绵蛋糕加工技术

（1）按照配方进行配料（表 3 -2）。

表 3－2 海绵蛋糕配方

名称	数量/g	名称	数量/g
鸡蛋	300	低筋面粉	200
细砂糖	150	色拉油或黄油	50

（2）鸡蛋与细砂糖混合，隔热水将鸡蛋打发，打到可以在盆里的蛋糊表面画出清晰的纹路为止。

（3）分 3～4 次倒入低筋面粉，翻拌，使蛋糊和面粉混合均匀。

（4）在搅拌好的蛋糕糊里倒入植物油或者融化的黄油，继续翻拌均匀。

（5）在烤盘里铺上油纸，把拌好的蛋糕糊全部倒入烤盘。

（6）把蛋糕糊抹平，端起来用力振几下，使表面平整，并把内部大气泡振出来。

（7）放入 180℃的烤箱，烤 15～20min，用牙签插入蛋糕内部，拔出来后牙签上没有粘上蛋糕，就表示熟了。

任务三 | 蛋挞加工

一、 背景知识

蛋挞是一类以千层酥皮为基础的焙烤产品。产品形式多样，多配以各种果料、果酱等，是一类味道浓郁的产品。

蛋挞，是一种以蛋浆做成馅料的西式馅饼，台湾称为蛋塔。“挞”是英文“tart”的音译，意指馅料外露的馅饼（相对表面被饼皮覆盖，馅料密封的批派馅饼称为“派”，Pie）。蛋挞即以蛋浆为馅料的“tart”，做法是把饼皮放进小圆盆状的饼模中，倒入由砂糖及鸡蛋混合而成的蛋浆，然后放入烤炉烤制。烤出的蛋挞外层为松脆之挞皮，内层则为香甜的黄色凝固蛋浆。

二、 实训目的

（1）学会正确选择蛋挞制作时的用料。

（2）学会蛋挞的制作工艺。

（3）会分析、解决生产中的常见问题。

三、 主要原料与设备

（一）原料

低筋粉、高筋粉、细砂糖、鸡蛋、炼乳、黄油等。

（二）设备

烤箱、和面机。

四、蛋挞加工技术

（1）按照配方进行配料（表3－3、表3－4）。

表3－3　蛋挞皮配方

名称	数量/g	名称	数量/g
低筋粉	220	高筋粉	30
黄油	180	细砂糖	5
食盐	1.5	饮用水	125

表3－4　蛋挞水配方

名称	数量/g	名称	数量/g
动物性淡奶油	180	牛乳	140
细砂糖	80	蛋黄	4个
低筋粉	15	炼乳（可省）	15

（2）面粉和糖、盐混合，黄油室温软化，加入面粉中。

（3）倒入清水，揉成面团。水要根据面团的软硬度酌情增减。

（4）揉成光滑的面团。用保鲜膜包好，放进冰箱冷藏松弛20min。

（5）把黄油切成小片，放入保鲜袋，用擀面杖将其压成厚薄均匀的一大片薄片。若黄油有轻微软化，放入冰箱冷藏至重新变硬。

（6）案上施一层防粘薄粉，把面团放在上面，擀成长方形，长大约为黄油片宽度的3倍，宽比黄油薄片的长度稍宽一点。把冷藏变硬的黄油薄片取出来，放在长方形面片中央，把黄油薄片包裹在面片里了。

（7）把面片的一端压死，手沿着面片一端贴着面皮向另一端移过去，把面皮中的气泡从另一端赶出来，避免把气泡包在面片里。把另一端也压死。而后将面片旋转90°。用擀面杖再次擀成长方形。重复上述操作，一共进行3轮4折。

（8）将面片擀开成厚度约0.3cm的长方形。千层酥皮就做好了。

（9）卷起、冷藏10min；切成厚度为1cm的小剂子，面粉里沾一下，放入蛋挞模，用大拇指把剂子捏成挞模形状，静置20min。

（10）蛋挞水的制作　淡奶油与牛乳混合，加入细砂糖与炼乳，加热搅拌至细砂糖溶解。冷却至不烫手后，加入蛋黄与低筋面粉，搅拌均匀即可。

（11）蛋挞水倒入挞皮里，七分满，220℃，烤制25min即可。

任务四 | 黄油曲奇加工

一、 背景知识

手工曲奇是世界上最受欢迎的食品之一，尽管不同的曲奇各有特色，它们的做法却大同小异，都是用水调稀面浆以使底饼变得尽可能薄并允许出现泡泡。而且在之后会加入大量的牛油和蛋，然后将其烘干，使泡泡饱和而让蛋中的少量水分逃离。这个饱和过程制造了曲奇最吸引人的特性——爽快的口感。

二、 实训目的

（1）学会正确选择西式饼干制作时的用料。
（2）学会西式饼干的制作工艺。
（3）会分析、解决生产中的常见问题。

三、 主要原料与设备

（一）原料

低筋面粉、黄油、细砂糖、糖粉、鸡蛋、香草精、可可粉、抹茶粉。

（二）设备

烤箱。

四、 黄油曲奇加工技术

不同口味曲奇的制作过程一致（在此以香草曲奇为例）。
（1）按照配方进行配料（表3-5）。

表3-5 黄油曲奇（香草味）配方

名称	数量/g	名称	数量/g
低筋面粉	200	黄油	130
细砂糖	35	糖粉	65
鸡蛋	50	香草精	1/4 小勺

巧克力曲奇：用20~30g可可粉代替等量面粉，并省略香草精。
抹茶曲奇：用10g抹茶粉代替等量面粉，并省略香草精。
（2）黄油室温软化以后，倒入糖粉、细砂糖，用打蛋器不断搅打，将黄油打发。

（3）分2～3次加入鸡蛋液，用打蛋器搅打均匀，防止油水分离。

（4）在黄油糊里倒入香草精，搅拌均匀。

（5）低筋面粉过筛加入黄油糊。翻拌成为均匀的曲奇面糊。

（6）用裱花袋配裱花嘴将曲奇面糊挤在烤盘上了。

（7）190℃烤10min左右，表面金黄色即可出炉。

（8）冷却后密封保存。

任务五 | 樱桃慕斯加工

一、 背景知识

慕斯是一种奶冻式的甜点，可以直接吃或做蛋糕夹层。通常是加入奶油与凝固剂来制成浓稠冻状的效果，是用明胶凝结乳酪及鲜奶油而成，不必烘烤即可食用。为现今高级蛋糕的代表。慕斯是从法语音译过来的。慕斯蛋糕最早出现在法国巴黎，最初大师们在奶油中加入起稳定作用和改善结构、口感和风味的各种辅料，使之外型、色泽、结构、口味变化丰富，更加自然纯正，冷冻后食用其味无穷，成为蛋糕中的极品。慕斯较布丁更柔软，入口即化。

二、 实训目的

（1）学会正确选择制作慕斯的用料。

（2）学会慕斯的制作工艺。

（3）会分析、解决生产中的常见问题。

三、 主要原料与设备

（一）原料

鸡蛋、细砂糖、低筋面粉、樱桃、动物性淡奶油、吉利丁。

（二）设备

蛋糕模具、烤箱、食品料理机、冰箱、电吹风。

四、 樱桃慕斯加工技术

（1）按照配方进行配料（表3－6、表3－7）。

表 3-6 松脆海绵蛋糕配方

名称	数量/g	名称	数量/g
鸡蛋	1个	细砂糖	25
低筋面粉	35		

注：25g 细砂糖中，10g 加入蛋黄中，15g 加入蛋白中。

表 3-7 樱桃慕斯馅配方

名称	数量/g	名称	数量/g
樱桃	150	动物性淡奶油	25
冷水	80	柠檬汁	10
细砂糖	60	吉利丁片	7.5

（2）按照手指饼干的制作方法，制作好蛋糕面糊。把面糊装入裱花袋，在烤盘上挤出两圈比 15.24cm（6 寸）蛋糕模具直径稍微小一点的圆形面糊。放进预热好 190℃的烤箱中层，上下火烤 10min 左右，至表面微金黄色，出炉冷却。

（3）制作樱桃慕斯馅　樱桃里添加 40g 冷水、细砂糖，然后放入食品料理机打碎成樱桃果泥，添加柠檬汁拌匀。

（4）用剩下的 40g 冷水将掰成小块的吉利丁片浸泡 5min，直到其吸水变软。然后隔水加热成液态。把液态的吉利丁液倒入樱桃果泥里，搅拌均匀。

（5）留出 35g 樱桃果泥，剩下的放入冰箱冷藏片刻，直到搅起来变得黏稠。

（6）动物性淡奶油用打蛋器打到稍现纹路，然后把黏稠的樱桃果泥倒入，拌匀。

（7）在模具底部铺一片松脆海绵蛋糕，倒入一半的慕斯馅，再铺上另一片松脆海绵蛋糕，倒入剩下的一半慕斯馅。

（8）把慕斯馅抹平，放入冰箱冷藏 5h 以上或者过夜，直到慕斯馅完全凝固。用电吹风在蛋糕模周围吹一圈，或者用热毛巾在蛋糕模周围捂一下，就可以很轻松地脱模。

（9）脱模后，将预留的 35g 樱桃果泥（此时果泥应该也已经凝固）隔水加热，使它化开到比较浓稠的状态，将果泥淋在慕斯顶部，最后把樱桃按照自己喜欢的方式装饰在慕斯顶部即可。

项目四 饮料加工实训

任务一 | 瓶装水加工

一、 背景知识

瓶装水主要分为饮用天然矿泉水、饮用人工矿泉水、饮用纯净水和其他饮用水四种类型。

1. 饮用天然矿泉水

从地下深处自然涌出的或经人工揭露的、未受污染的地下矿水，含有一定量的矿物盐、微量元素或二氧化碳气体，在通常情况下，其化学成分、流量、水温等动态在天然波动范围内相对稳定。

2. 饮用人工矿泉水

饮用人工矿泉水指的是用地下井、泉水或自来水经过人工矿化处理而制得的与天然矿泉水水质相接近的能饮用的水。

3. 饮用纯净水

饮用纯净水是以符合生活饮用水卫生标准的水为水源，采用蒸馏法、电渗析法、离子交换法、反渗透法及其他适当的加工方法，去除水中的矿物质、有机成分、有害物质及微生物等加工制成的水。

4. 其他饮用水

其他饮用水是由符合生活饮用水卫生标准的，采自地下形成，流至地表的泉水或高于自然水位的天然蓄水层喷出的泉水或深井水等为水源加工制得的水。

二、 实训目的

（1）了解瓶装水所选用的主要原料性质及成分。
（2）掌握纯净水的生产工艺流程。

三、 主要原料与设备

（一）原料

待加工水、药剂。

（二）设备

小型反渗透水处理系统，包括砂滤器、活性炭过滤器、树脂软化器、臭氧灭菌系统、精密过滤器、RO 反渗透、灌装机、储水罐、纯净水储水罐、反渗透（RO）膜、纯水泵、多路阀、树脂桶、紫外线灭菌灯、压力控制器、电导仪、液位传感器、纯净水桶。

四、 原辅材料的检测

1. 纯净水厂对外购入原材料、包装材料的检测

（1）原材料、包装材料的检验依据是《采购产品接收准则》。库房保管员负责检验原辅材料的出库单、质保文件（产品合格证或检验报告）、规格型号、数量、外观质量等填写《入库单》。

（2）经过保管员检验，合格品通知材料会计办理入库；不合格品（包括生产过程中发现的不合格退库品），填写《采购产品不合格报告》，通知采购人员进行评审处置，同时进行标识隔离，具体按《不合格品控制程序》执行。

（3）原材料和包装材料的检验状态标识分为待检品、等检待判、合格品、不合格品，由仓库保管员负责挂牌标识。

2. 中间产品的监测

由于企业产品的固有特性，工序操作的结果都需要人工目视检查，并且检查标准很难用文字形式表达出来，多数只能依靠经验的判断，所以要求办公室和生产技术部在人员聘用和人员培训上严格把关。

（1）班组间互检　依据《工序互检规定》，班组间（桶水除外）的操作者执行班组互检，班组互检的抽样按生产量的1%进行，但不少于10件，检验结果填写《工序互检记录》，检查内容参照《工序互检规定》进行。

（2）质量监督员专检　纯净水厂监督员依据《专职检验员工作细则》和《操作过程接收准则》，每天对每个班组的每道关键工序的产品抽检一次，抽检数量为0.3%，检验结果填写《专职检验员检验记录》。

3. 生产成品的检测

（1）班组间互检和质量监督员专检。

（2）纯净水厂化验员的外观检查和微生物检验　化验员根据《产品质量检验规程》对成品进行检验，结果填写《化验记录》。

（3）形式检验　正常生产时，定期送国家质量监督机构和卫生监督机构进行检验，检验项目为产品的“理化指标”和“食品卫生指标”，检验周期为一年。

4. 产品交付过程的监测

（1）产品运输时，驾驶员（或本次运输的责任人）要到现场监督装车，选择合适的搬运工具，不准撞击、拖拉、翻滚、倒置。

（2）产品交付时要经用户验收并在出库单的回执上签字，对待用户提出的问题要耐心的解释和说明，产品交付后，运输部门根据回执的出库单登记《产品交付记录》，并保持和用户联系。

5. 检验记录

各阶段的检验记录均以填报表格的形式进行，要求字迹清晰，项目内容填写完整、签字齐全，不得随意更改。

6. 检验状态控制

（1）工厂和仓库按“待检品”“等检待判”“合格品”“不合格品”划分区域并使用标牌加以区分，操作和检验人员应按规定区域摆放产品。

（2）班长负责区域及标识的管理和监督。

五、瓶装水加工技术

（一）工艺流程（单级反渗透）

饮用水→原水增压→砂滤→活性炭吸附→保安过滤器→反渗透→臭氧杀菌或紫外线杀菌→灌装→密封→检验→贴标→成品

（二）操作要点

（1）打开水源阀门，启动原水泵。

（2）按下运行开关，启动整个反渗透系统。

（3）按要求逐渐调节高压阀（工作压力不超过 1.7MPa），观察并记录各仪表的变化。

（4）按下紫外线灭菌灯的开关，进行消毒。

（5）灌装并封口。

（6）贴标即为成品。

六、成品评定

参照《GB/T 5750.12—2006 生活饮用水标准检验方法　微生物指标》的规

定进行。

以无菌操作方法吸取1mL充分混匀的水样，注入盛有9mL无菌生理盐水的试管中，混匀制成1:10的稀释液；吸取1:10的稀释液1mL注入盛有9mL无菌生理盐水的试管中，混匀制成1:100稀释液；按同法依次制成1:1000、1:10000的稀释液备用；用灭菌吸管取未稀释的水样和2～3个适宜稀释度的水样1mL，分别注入灭菌平皿内，每个稀释度作2个平皿。然后在平皿内注入45℃左右营养琼脂约15mL，立即旋摇混匀，同时做营养琼脂空白对照；待琼脂凝固后，翻转平皿，置36℃±1℃培养箱内培养48h，进行菌落计数；选择菌落数在30～300稀释度的平均菌落数乘以稀释倍数作为检测结果。

任务二 碳酸饮料加工

一、 背景知识

1. 碳酸饮料的概念

碳酸饮料指在一定条件下充入二氧化碳的饮料，不包括由发酵法自身产生二氧化碳气的饮料，俗称汽水。在软饮料中，碳酸饮料所占比例一直较高，是饮料中的主要产品。

2. 产品分类

（1）果汁型碳酸饮料　含有一定量的果汁的碳酸饮料，如橘汁汽水、橙汁汽水、菠萝汁汽水或混合果汁汽水等。

（2）果味型碳酸饮料　以果味香精以主要香气成分，含有少量果汁或不含果汁的碳酸饮料，如橘子味汽水、柠檬味汽水等。

（3）可乐型碳酸饮料　以可乐香精或类似可乐果香型的香精为主要香气成分的碳酸饮料。

（4）其他型碳酸饮料　除了上述三类以外的碳酸饮料，如苏打水、盐汽水、姜汁汽水、沙土汽水等。

3. 碳酸饮料的包装形式

包装形式分PET包装、玻璃瓶包装、易拉罐等。

（1）PET包装　就是我们市面上见到的塑料瓶，是饮料灌注到吹好的瓶中，再经旋盖而制成的，有300mL、500mL、1.25L、2L、2.5L的产品，如可口可乐公司的可乐、雪碧、芬达、醒目等，百事公司的可乐、七喜、美年达等，还有其他品牌如大连汽水等。

这种包装形式方便易携带，瓶子是一次性使用，符合食品安全要求。

（2）玻璃瓶包装　这种包装就是饮料盛放在玻璃瓶中，再经旋盖成而制成的，有200mL、300mL容量的产品，如可口可乐公司的可乐、雪碧、芬达等，百事公司的可乐、七喜、美年达等。

这种包装是玻璃瓶经生产厂家清洗消毒后重复使用，降低了成本，保护了环境，同样也符合食品安全的要求。

（3）易拉罐包装　这种包装是饮料灌注到制好的易拉罐中，再经卷封封盖而成的，常见的有330mL容量的产品，如可口可乐公司的可乐、雪碧、芬达、醒目、碳酸水、干姜水、零度可乐等，百事公司的可乐、七喜、美年达等。

这种包装高档，便于携带，符合食品安全的要求。

二、 实训目的

重点在于了解碳酸饮料的定义、分类、包装形式和基本工艺流程，掌握工艺流程中各工序的关键质量控制要点。

三、 主要原料与设备

（一）原料

待加工水。

（二）设备

水处理设备，CO_2净化设备，单糖溶糖、过滤设备，配料设备，混比设备，灌装封盖设备，生产日期和批号标识设施，塑包设备，管道设备清洗消毒设施。

四、 原辅料的质量要求

生产碳酸饮料用的原水应符合《GB 5749—2006 生活饮用水卫生标准》的规定；碳酸饮料所用二氧化碳应为食品级并应符合《GB 10621—2006 食品添加剂 液体二氧化碳》的规定，二氧化碳源自发酵法，需检测乙醛，纯度不小于99.9%；砂糖质量应符合《GB 317—2006 白砂糖》的规定；果糖应符合《GB/T 20882—2007 果葡糖浆》的规定；PET瓶的质量应符合《QB/T 1868—2004 聚对苯二甲酸乙二醇酯（PET）碳酸饮料瓶》的规定；易拉罐质量应符合《GB/T 9106.1—2009 包装容器　铝易开盖铝两片罐》的规定；塑料防盗盖的质量应符合《GB/T 17876—2010 包装容器　塑料防盗瓶盖》的规定；包装用聚乙烯吹塑膜应符合《GB/T 4456—2008 包装用聚乙烯吹塑薄膜》的规定。

原辅材料中涉及生产许可证管理的产品必须采购有QS证的企业的产品，生产使用前要经过质检部门检验合格后方能投入生产使用。

五、 碳酸饮料加工技术

（一）工艺流程

酸味剂＋色素＋香精＋防腐剂＋果汁　　已处理水＋已净化CO_2

↓　　↓

砂糖→称量→溶解→过滤→冷却→糖浆调配→后糖浆→混比（加碳酸水）→灌装→压盖→成品→检验→塑包→入库

工艺流程说明：原水经过滤、消毒处理后的处理水和甜味剂（砂糖经过溶解、脱色、去掉杂质）加上配方中要求添加其他成分混合定容后形成的后糖浆，经过混比机后，与净化处理后的CO_2按一定比例进行混合，然后灌注到包装容器中（PET瓶、玻璃瓶、易拉罐等），经过成品检验后进入到包装机，包装机对成品进行塑封包装，然后进行码垛机将成品放在托盘上，入库待检，合格后发货。

（二）操作要点

1. 简单糖浆配制的工艺及操作

（1）上糖操作

①把手动叉车慢慢开到糖垛边，摆正叉车叉子的角度和对准托盘口，开点车慢慢插入，升起30cm时停止，后倾一定角度，离开糖垛。

②开车到平台下，升起车叉到平台边停住，关叉车电源。

③上糖操作员从托盘上将每袋砂糖放在糖仓边的上糖小平台上，立即将防护门关上。

④上糖操作员用剪子剪断糖袋线绳，拆开糖袋，将砂糖倒入糖仓中，完全倒空糖袋后，将空袋集中放在大平台边，堆放在一起。

⑤拆剪下来的线绳不能放在糖仓中，如发现线绳等杂物要即时清理出糖仓。

⑥上糖操作员不能踩踏糖袋和砂糖。

⑦上完糖后，要即时打扫卫生，清理糖仓过滤网上的砂糖，大、小平台要用水冲洗擦干，栏杆和管路上的残余糖粉要擦净。清理掉一切杂物并擦净梯子和冲净地面，包括墙面瓷砖和糖仓体外。

⑧上糖时要注意产品安全和人身安全，对不符合规范的砂糖袋，如破裂、鼠咬裂和有污染物等，上糖操作员有权不上，并退入库中。

⑨打扫卫生后，将糖仓上盖加锁并将门密封上锁。

⑩上糖操作人员要遵守个人卫生规范。

（2）自动溶糖程序

①将功能键调到“AUTO”处，启动“START”键。处理水“VM00”自动启动加水到溶糖机中，当溶糖机液位升到12cm时，“VM00”自动关闭，同时，

泵自动启动循环进砂糖，同时蒸汽泵启动蒸汽进入溶糖机中开始加热，自动搅拌，并加一次活性炭溶液。

②当糖浆浓度到62.5°Bx，温度到85℃，而液位不到50cm时，阀自动进水，自动进糖，使进糖量与进水量溶成的糖浆浓度为62.5°Bx，温度为85℃，并形成双向平衡；液位到50cm时，阀和泵自动启动将溶好的糖浆打入反应罐。

③溶解流量与溶糖机液位形成双向平衡。当液位低于50cm时，阀自动开启角度加大，流量增加，当液位高于50cm时，阀自动调小开启角度，流量减小。

④当糖浆通过流量仪时，每通过糖浆100L，流量仪通过控制柜的计算机，下指令给泵，加入活性炭溶液。因溶糖速度不定，泵加入活性炭溶液的间隔时间也不定。所以，当溶糖速度平衡到一定范围时，通过两次加活性炭的间隔时间，来检查泵是否正常工作。

⑤当糖浆进入到反应罐中，并能保持平稳的生产状态，这时如果回收罐有低液位的稀糖浆，那么阀和泵将自动工作，这时调整变速器，使溶糖达到一个新的生产平衡状态，当回收糖浆抽空时，糖浆浓度将升高，溶糖液位下降，报警工作，阀和泵自动停止工作，按“RESET”报警解除。

⑥当反应罐达到低液位时（E207），循环泵自动开始工作，以保持糖与碳的充分接触。当液位达到中液位时（E208），即罐被填满一半，有糖浆2700L，当糖浆有5400L时开始进行过滤。到达高液位时（E209、5600L）表示装得过满，这时溶糖设备自动关闭，等液面降至中液位时，再重新开始工作。为了保证设备的连续工作，反应罐中的液面应始终处于中液位与高液位之间。

⑦如果溶糖速度大于过滤速度时，反应罐液位到5500L时，关闭“START”键，将功能键调到“MAN”处，启动“START”键。当反应罐液位降到4000L时，关闭“START”键，将功能键调到“AUTO”处，启动自动溶糖机，按“START”键。

⑧如果溶糖速度小于过滤速度时，降低过滤速度或加大进糖量增大溶糖速度，将反应罐液位控制在5500～4000L。

（3）糖浆过滤

①现调阀使流量控制在7000～8000L，过滤压差控制在2～4kg，泵在过滤时启动。

②对所有的阀门开启时，都要注意过滤压力和流速，并保持基本不变，不能突然转换阀门，对泵开关前要先关阀泵，后启动或关泵。

③当过滤糖浆合格时，打开糖浆冷却系统开，关开阀，使糖浆进入储存罐中，品控员检测糖浆取样时，开关阀。

④当过滤流量减少时，可开大阀，使压力增加，流量保持8000L/h。阀开启最大时，过滤机的压力不得超过6kg。

⑤在过滤过程中，如果过滤机压力增加过快或流速降低过快时，可以加上助

滤剂泵 1125 的流量，以保持过滤正常进行。

（4）简单糖浆通过板式换热器冷却到 20～25℃，进入到储存罐中，储存的时间一般规定不超过 24h。

2. 后糖浆调配的工艺流程和要点

简单糖浆和果糖按事先计算好的量调入到配料罐，按照配方要求精确称取酸味剂、色素、防腐剂、香精等原料，在剪切缸添加各种添加剂，要注意严格地执行配方要求，添加剂的添加量和添加的顺序一定要按企业研发部门的要求来操作，然后再经过过管路过滤器过滤后加到配料罐中，与单糖浆充分混合后，计算出加水量，用水进行定容，搅拌 15min 后取样，测糖浆浓度，一般糖浆浓度的目标值由企业自己来定。达到内控标准后才能供下道工序。

3. 混比灌装

（1）当选择生产程序后，制冷自动打开，并打开糖浆请求和糖浆在混比机中，生产时打开糖浆浓度控制开关、质量监控开关（糖浆）、质量监控开关（CO_2）。

（2）随时监看程序步骤完成情况（设备自动按照程序执行），并按照提示要求操作。

（3）确认所生产的品种设定的值，并按《不同产品注入混比不同品种规格参数表》进行混比。

（4）混满罐后打开注入机进料阀由注入机排放掉（冲洗注入阀），关闭注入机进料阀注入机备压，取少量产品送到化验室测试，0.6L 以下品种（约 6min）1.25L 以上品种（约 4min）取少量产品送到化验室测试，看是否合格约 5min，合格后开混比机 CO_2 供气阀开注入机进料阀。

（5）进压设置 打开经过净化的压缩空气供气管路和 CO_2 供气管路，当注入机压力显示到 0.2MPa 时关闭 CO_2 供气阀，当压力达到设定值时缓慢打开注入机进料阀，送料进入注入缸内达到设定液位时，关闭注入机进料阀混比 CO_2 阀。

（6）化验员测试注入机内糖浆和 CO_2 都合格时，方可灌注生产。糖浆浓度为 50～67°Bx，用 1 份糖浆加 5 份碳酸水或 1 份糖浆加 4 份碳酸水，即糖浆∶水为 1∶5或 1∶4。灌注时要注意压力参数，确保产品的净容量合格。

（7）当注入缸内 CO_2 压力达设定值时，打开阀门（混比至注入管路上阀），向注入罐内注入混比合格产品，当产品的液位达设定值时，按显示屏下方 FUNCTION ENABLE 键，检查各程序是否处于生产所需状态。

（8）检查合格后，按三次 ESC 键返回注入机模拟显示状态。按 prog. select/Filling 键，再按注入键进入注入状态。注入机各处润滑打开，喷淋打开。

（9）如使用全色底涂盖生产前开启静电除尘系统，加盖后确认系统是否正常

（10）按 ESC 键，然后按 OUTPUT ADJUST 键选择注入机速度，按 ESC 键返回注入机模拟显示状态，此时，将机器运转及停瓶器按钮打开，大约进 15 个瓶

压上盖，让品控测压盖是否合格，合格后测一下糖度值和 CO_2 含气量，如都合格再进若干个瓶子，观察注入情况，如使用全色底涂皇冠盖确认静电除尘系统的效果达到可接收的水平，否则需停机调整，如正常，可正常注入。

（11）正常生产时显示屏显示注入机模拟状态。生产 PET 过程中每隔 10min，操作人员要查看喷码机打印效果，如日期没打上或是不清晰，须立即停机待修理正常后恢复生产，并做好记录。

（12）生产过程中，认真观察注入状态，发现问题及时解决。

（13）生产过程中，按品种规格注入机部分参数值的规定设定参数值。

（14）注入操作工每小时查看一次打码效果是否清晰准确，旋盖效果是否良好。如不正常，及时采取更正措施，并做好记录。

4. 压盖

利用压盖机压盖密封，要求密封严密，以保证不漏汽，不污染微生物。

5. 成品检验

按企业内控标准和国标要求的检验项目进行成品检验，检验项目包括产品外观、口味气味、酸度、糖浆浓度、CO_2、净含量、细菌总数、大肠菌群、扭矩、盖子的耐压。

6. 包装

成品经过洗瓶机冲洗后进入塑包机，进行塑封包装，然后整包的产品码垛后进入缠膜机，缠绕后整盘入库储存待检，检验合格后方可发货。

塑包的过程如下：

（1）按主菜单中自动程序键，然后按“RESET”复位键，再按电源键，使之变成绿色，接通主电机启动电源。

（2）当烘炉温度达到 145～150℃时，按“RESET”复位键，按 [符号] 键启动主推进器。

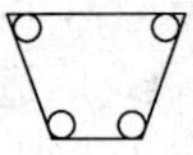

（3）按主菜单中“Speed setting”键，选速度设定程序，再按“medium”键，选择中速。

（4）按 [符号] 键，打开分瓶器开关，进瓶生产。

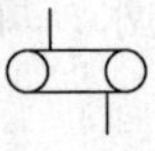

（5）生产过程中，监控纸板使用情况，上纸板量要大于电眼监控量。

（6）生产过程中，监控塑膜使用情况，塑膜有质量问题或快用完时，停机换新膜。

（7）生产过程中，监控塑封后成品包装质量，看膜有无破裂，收缩是否紧密，如不合格需重新包装。

（8）生产过程中，随时监控机器运转及缠膜状况，如有故障，按 PET 包装机更正措施和断膜处理规程排除故障。

（9）生产过程中，在烘炉入口处发生倒瓶时，要将倒瓶和收缩膜取出，不要让塑膜进入烘炉内，以免因塑膜进入烘炉内造成烘炉起火。

六、 成品评定

（1）色泽　产品色泽与品名相符，要近似的色泽和习惯的颜色，无变色现象，色泽鲜亮一致。

（2）香气和滋味　具有本产品应有的香气和滋味，不得有异味。

（3）外观形态　澄清透明，不浊、不分层、无沉淀、无杂质。

（4）空隙高度　液面与瓶口距离最高不超过6cm。

发证检验、监督检验和出厂检验按表4－1中列出的相应检验项目进行。出厂检验项目注有“＊”标记的，企业每年应当进行2次检验。带★的检验项目为可乐型碳酸饮料。

表4－1　　碳酸饮料产品质量检验项目

序号	检验项目	发证	监督	出厂	备注
1	感官	√	√	√	
2	净含量	√	√	√	
3	可溶性固形物	√	√	√	
4	二氧化碳气容量	√	√	√	
5	总酸	√	√	√	
6	咖啡因★	√	√	＊	
7	总砷	√	√	＊	
8	铅	√	√	＊	
9	铜	√	√	＊	
10	苯甲酸	√	√	＊	其他防腐剂根据产品使用状况确定
11	山梨酸	√	√	＊	
12	糖精钠	√	√	＊	其他甜味剂根据产品使用状况确定
13	甜蜜素	√	√	＊	
14	着色剂	√	√	＊	根据产品色泽选择测定
15	菌落总数	√	√	√	
16	大肠菌群	√	√	√	
17	致病菌	√	√	＊	
18	霉菌	√	√	＊	
19	酵母	√	√	＊	
20	pH	√	√	＊	

续表

序号	检验项目	发证	监督	出厂	备注
21	标签	√	√		
22	钾	√	√	*	
23	钠	√	√	*	

注：标签内容除应符合《GB 7718—2011 预包装食品》的规定外，还应符合其所执行产品标准的规定。

执行《GB/T 10792—2008 碳酸饮料（汽水）》的碳酸饮料产品，果汁型产品必须标明原果汁含量，果味型产品必须标明“果味”标志，可乐型必须标明酸味剂的名称，低热量型必须标明甜味剂的名称和热值。

任务三 | 果蔬饮料加工

一、 背景知识

（一）果蔬饮料的概念

新鲜或冷藏果蔬（也有一些采用干果）为原料，经过清洗、挑选后，采用物理的方法如压榨、浸提、离心等方法得到的果蔬汁液，称为果蔬汁。也称为“液体果蔬”之称。以水果、蔬菜为基料，通过加糖、酸、香精、色素和水等调制的产品，称为果蔬汁饮料。

（二）果蔬饮料分类

1. 果汁（浆）及果汁饮料

（1）果汁　指采用机械方法将水果加工制成的未经发酵但能发酵的汁液，或采用渗滤或浸提工艺提取水果中的汁液再用物理方法除去加入的溶剂制成的汁液，或在浓缩果汁中加入与果汁浓缩时失去的天然水分等量的水制成的具有原水果果肉色泽、风味和可溶性固形物含量的汁液。

（2）果浆　指采用打浆工艺将水果或水果的可食部分加工制成的未经发酵但能发酵的浆液，或在浓缩果浆中加入与果浆在浓缩时失去的天然水分等量的水制成的具有原水果果肉色泽、风味和可溶性固形物含量的制品。

（3）浓缩果汁和浓缩果浆　指用物理方法从果汁或果浆中除去一定比例的天然水分而制成的具有原有果汁或果浆特征的制品。

（4）果肉饮料　指在果浆或浓缩果浆中加入水、糖液、酸味剂等调制而成的制品，成品中果浆含量不低于300g/L；多用高酸、汁少肉多的水果调制而成的制品，成品中果浆含量不低于200g/L。含有两种或两种以上不同品种果浆的果肉饮料称为混合果肉饮料。

（5）果汁饮料　指在果汁或浓缩果汁中加入水、糖液、酸味剂等调制而成的清汁或浊汁制品。成品中果汁含量不低于100g/L，如橙汁饮料、菠萝汁饮料等。含有两种或两种以上不同品种果汁的果汁饮料称为混合果汁饮料。

（6）果粒果肉饮料　指在果汁或浓缩果汁中加入水、柑橘类囊胞（或其他水果经切细的果肉等）、糖液、酸味剂等调制而成的制品，成品果汁含量不低于100g/L，果粒含量不低于50g/L。

（7）水果饮料浓浆　指在果汁或浓缩果汁中加入水、糖液、酸味剂等调制而成的，含糖量较高，稀释后方可饮用的饮品。按照该产品标签上标明的稀释倍数稀释后，果汁含量不低于50g/L。含有两种或两种以上不同品种果汁的水果饮料称为混合水果饮料浓浆。

（8）水果饮料　指在果汁或浓缩汁中加入水、糖、酸味剂等调制而成的清汁或浊汁制品，成品中果汁含量不低于50g/L，如橘子饮料、菠萝饮料、苹果饮料等。含有两种或两种以上不同品种果汁的水果饮料称为混合水果饮料。

2. 蔬菜汁及蔬菜汁饮料

（1）蔬菜汁　指在用机械方法将蔬菜加工制得的汁液中加入水、食盐、白砂糖等调制而成的制品，如番茄汁。

（2）蔬菜汁饮料　指在蔬菜汁中加入水、糖液、酸味剂等调制而成的可直接饮用的制品。含有两种或两种以上不同品种蔬菜汁的蔬菜汁饮料称为混合蔬菜汁饮料。

（3）复合果蔬汁饮料　指在按一定配比的蔬菜汁与果汁的混合汁中加入白砂糖等调制而成的制品。

（4）发酵蔬菜汁饮料　指在蔬菜或蔬菜汁经乳酸发酵后制成的汁液中加入水、食盐、糖液等调制而成的制品。

（5）其他　如食用菌饮料、藻类饮料等。

二、实训目的

掌握制备果蔬汁饮料的基本工艺流程，学会正确使用各种添加剂。了解投料顺序不同对果蔬汁成品的影响，进行分组对比试验（安排一组不按投料顺序进行配料试验），观察发生的现象并记录。

三、主要原料与设备

（一）原料

果蔬（新鲜）、饮用水、糖浆柠檬酸、香精等。

（二）设备

榨汁机、高温蒸汽灭菌锅、夹层锅、半自动液体灌装机、胶体磨、手持糖量计、pH 计、离心过滤机、250mL 大容量离心机、捣碎机、均质机、电热水浴锅、真空脱气罐、200～300 目不锈钢筛、不锈钢锅、不锈钢刀、电炉、500mL 玻璃烧杯、500mL 量桶、饮料瓶、纱。

四、原辅材料的检测

（1）必须确保配方中所使用的原辅材料是合格供方提供的合格品。

（2）产品配方中的食品添加剂及添加量必须符合《GB 2760—2014 食品添加剂》的规定。

（3）准确称量及定容，配料必须有质检员在场监督或者由两人以上称量填写配料记录并签名。

（4）若有配方保密需要，可将配料中的食品添加剂由专人称量。

（5）配料完成后，必须由质检部检测各项理化指标及口感合格后方可进行下一步工作。

五、果蔬饮料加工技术

（一）工艺流程

（1）果汁饮料生产工艺流程

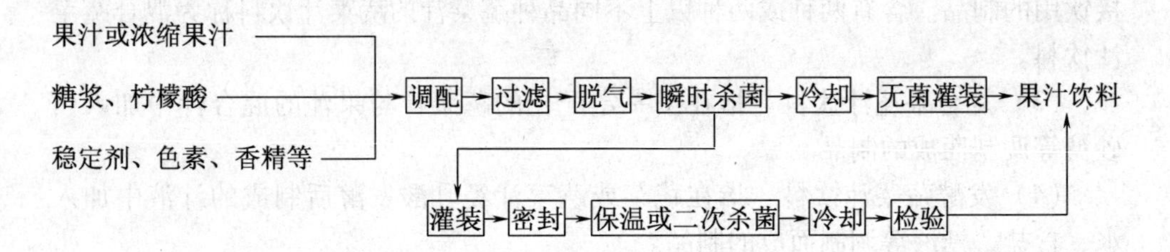

（2）柑橘浓缩汁生产工艺流程

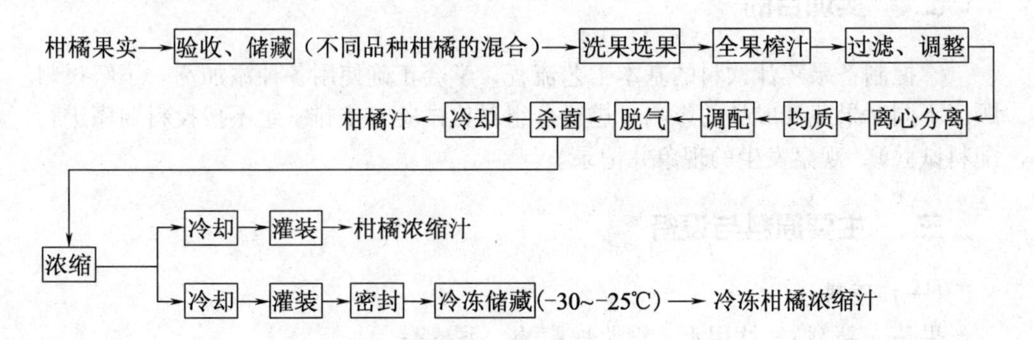

（二）操作要点

1. 稳定剂的溶解

由于果蔬汁的稳定剂一般都为胶体，其溶解需较长时间，一般可与适量白砂糖先干混以提高其分散性，防止形成难溶的胶团。再加热并搅拌溶解。如用胶体磨或高剪切设备处理，溶解效果更为理想。特别要注意的是稳定剂的溶解一定要充分，否则不但起不到稳定的作用，反而会使稳定剂本身产生沉淀或凝絮。

2. 白砂糖的溶解

白砂糖的溶解很快，但由于白砂糖中一般含有少量的杂质，因此在溶解后应过滤，并加热煮沸几分钟杀菌。

3. 酸的添加

一般先将酸溶解成10%左右的酸溶液，再添加到产品中。

4. 香精的添加

由于香精中含有较多的挥发性物质，因此灌装前加入效果会更好一些。

5. 果汁的添加

如使用新鲜果汁，直接加入即可。如使用浓缩果汁，可先用部分水稀释后再加入，当然也可以直接加入，视操作的方便性而定。

6. 均质

在果蔬汁饮料生产中，通过均质能使残存的果渣小微粒进一步破碎，并使稳定剂等其他物料的直径小于2μm，制成液相均匀的混合物，减少成品沉淀的产生。均质压力一般为20～25MPa，温度为65～70℃。

7. 杀菌

杀菌是饮料生产中的重要一步，工艺正确与否不仅影响到产品的保质期也影响产品的品质，果汁中有许多各种微生物，也有丰富营养成分，特别是维生素C，受热后易分解影响产品色泽，杀菌时间也对产品色泽影响大，一般采用高温短时杀菌，可为95℃、38s或121℃、5s。没有条件的厂家也可以采用二次杀菌的方法，一般条件为85～90℃、20～30min。

六、成品评定

（一）感官指标

（1）色泽　均匀、光泽度好；

（2）气味　香气浓郁、协调；

（3）滋味　酸甜适口、口感细腻，利口生津；

（4）组织状态　均匀一致、流动性好。

（二）理化指标

可溶性固形物含量（按20℃折光计）12%～14%；总酸含量（以柠檬酸计）0.3%～0.4%、pH3.9。

（三）微生物指标

细菌总数≤100 个/mL，大肠菌群≤5MPN（最大或然数）/100mL，致病菌不得检出。

七、果蔬汁饮料常见的质量问题

（一）风味变化

储藏期间风味变化是很微妙的，主要是一系列化学反应而引起的，如氧化作用、有机酸等都会改变果蔬汁饮料应具有的风味，其中包括苦味前体物的形成、芳香成分的破坏等。

（二）色泽变化

这种变化是由酶褐变和非酶褐变，以及其他化学反应引起的，酶褐变时，发生褐变的果蔬汁颜色变深。非酶褐变以葡萄和菠萝等深色果汁更加显著，主要是美拉德反应导致的。为防止酶褐变要控制酶活力，采用加热或加入某些允许加入到抑制酶活力的化学物质，最重要的是隔绝氧的存在；同时，低温储藏室延缓果蔬汁酶褐变的较有效方法。非酶褐变则与储藏的温度、时间、氧含量、光照、金属离子等因素都有密切的关系。防止美拉德反应的最有效方法是用亚硫酸盐，在室温下，pH4. 5 时，亚硫酸盐和葡萄糖反应，可生成磺酸盐，阻止了反应的进行，可控制储藏过程中的非酶褐变。

（三）沉淀产生

柑橘类果汁一般要求有均匀的浑浊度，在储藏期间经常发生悬散性固体颗粒的絮凝和沉淀，这是由于果胶酶分解果胶而造成的。为防止沉淀产生，对于柑橘类浑浊果汁导致发生悬散性固体颗粒的凝集和沉淀，要在榨汁后迅速加热到90℃以上，以破坏果胶酶的活力，控制其由果胶酶作用而形成的沉淀和分层。

（四）罐壁腐蚀

大部分果蔬汁饮料属于酸性食品，对马口铁罐的内壁都有一定的腐蚀作用，及果蔬汁饮料中的酸性成分和罐内壁的镀锡层发生化学反应。铁罐内壁的腐蚀程度与果蔬汁饮料的 pH、不同种类酸、硝酸根离子、罐内氧残留量等都有很大关系，所以对果蔬汁饮料采用涂料罐，防止其花色素褪色，提高罐内真空度，以延缓氧化还原反应进行。同时，还可降低果蔬汁饮料储藏的温度。

任务四 | 乳酸菌饮料加工

一、背景知识

乳酸菌饮料是以鲜乳或乳制品为原料经乳酸菌类培养发酵制得的乳液中加入

水、糖液等调制而成的制品。乳酸菌饮料因其具有独特的风味以及营养保健功能而受到消费者的喜爱。在乳酸菌饮料中添加不同风味的营养物质而制成的新型乳酸菌饮料已经成为一种发展趋势。

二、 实训目的

掌握制备乳酸菌饮料的基本工艺流程，学会正确使用各种添加剂，同时注意投料顺序，进行分组对比实验（安排一组不按投料顺序进行配料实验），观察发生的现象并记录。

三、 主要原料与设备

（一） 原料

乳粉、白砂糖、食品添加剂。

（二） 设备

胶体磨、调配缸、储料缸、高压均质机、板式换热器、自动填充封口机、喷码打印机等。

四、 原辅材料的检测

选用的脱脂乳粉必须符合《GB 19664—2010 乳粉》的规定，采用特级品，无结块、无杂质、无抗菌素和防腐剂，细菌数少于20000个/g，还原乳酸度小于18°T。按配方溶解后的乳液要做酒精检验，无絮状沉淀方可使用。乳液高温杀菌后还须做热凝固扩散试验，滴1滴乳液到量筒内的清水表面，观察其热凝固的扩散情况，一般扩散快，迅速溶入水中，无粒状下沉乳点者为佳，否则经乳酸菌发酵后制成的产品会很快出现沉淀的现象，影响外观，且口感也不佳。

五、 乳酸菌饮料加工技术

（一） 工艺流程

1. 发酵乳

鲜牛乳→验收→净化→标准化→杀菌→高压均质→冷却→接种发酵→纯酸乳

2. 乳酸菌乳饮料

糖和稳定剂干粉混合→搅拌溶解→杀菌→加入山梨酸钾和甜味剂→加入酸乳→加入酸味剂→加入香精→高压均质→灌装（→杀菌）→成品

（二）操作要点

1. 发酵乳的制作

（1）原料乳收购　刚收购鲜乳一般要求在5℃下低温保存，抑制微生物的繁殖，牛乳酸度控制在16～18°T，细菌总数≤200000个/mL，芽孢总数≤100个/mL，耐热芽孢总数≤50个/mL，嗜冷菌≤10个/mL，体细胞数≤500000个/mL，相对密度（20℃/4℃）1.028～1.032，脂肪≥3.0g/100g，蛋白质≥3.0g/100g，乳糖4.5～5.0g/100g，抗生素残留量≤0.007IU/mL（0.004μg/mL）。

（2）原料乳热处理　对原料乳的热处理（90℃保持10min或95℃保持5min）主要有两个目的：杀死原料乳的致病菌和有害微生物；使原料乳中的蛋白质适度变性，增加蛋白质的持水能力，增加发酵乳的网状结构，同时还有利于发酵菌的利用。

（3）菌种选择　对乳酸菌饮料的发酵剂一般选择嗜热链球菌和保加利亚杆菌，通常它们的比例为1∶1或2∶1，杆菌不能占优势，否则酸度太强。

（4）发酵控制　目前常用菌种最适当生长温度为42～43℃，因此在接种前后乳的温度应控制在42℃±1℃（在活性乳中加入发酵乳的温度应低于20℃）接种温度过低会使菌种的活化时间延长，发酵缓慢而且污染杂菌的机会增加，对发酵不利，接种温度过高不但会抑制菌种的活力而且可能杀死发酵菌影响甚至终止发酵。菌种的接种量应该严格控制，接种量太大则发酵过快，不利发酵乳的风味完全形成和良好组织结构的构建，接种量太小，则发酵周期太长，污染杂菌的几率增加。一般直投式的接种量为10～20U/t，继代式菌种的接种量为2%～3%。发酵过程温度和时间控制也是重要因素，在整个发酵过程中，发酵罐（发酵室）的温度都应恒定（42～43℃），温度波动太大会严重影响发酵的进程，使发酵乳的品质变差；发酵的时间也应该严格控制，时间太短，发酵风味不好，结构差；时间太长则酸度太高，口感不好。一般要求直投式菌种发酵时间在3.5～6.0h，继代式菌种的发酵时间稍短，一般在2.5～4.0h，严格控制确保每次发酵乳品质一致性。

2. 稳定剂选择及溶解

（1）稳定剂的选择　稳定剂是影响乳制品品质的重要因素，由于在酸性环境下，乳制品本身处于不稳定的状态，乳酸菌饮料易出现水析及沉淀，甚至水乳分层现象，因此对稳定剂的稳定效果有更大的依赖性，要求稳定剂有很好的稳定作用。单体胶（果胶、PGA、CMC）单独使用时对乳酸菌饮料稳定作用不是很理想，一般复配使用。

（2）稳定剂的溶解　由于乳酸菌饮料的稳定剂是以胶体为主，而且一般添加量较大，因此若直接加到水中容易吸水形成胶团，难以溶解。所以一般与适量的白砂糖先干拌均匀，提高其与水的接触面及其分散性，再加热到80～85℃搅拌溶解15～30min，使之成为均匀的胶液，如用胶体磨或高速剪切设备溶解效果更佳。活性乳酸菌饮料稳定剂饮料溶解充分后需冷却40℃以下，以免对活菌产生影响。

3. 调酸

调酸过程控制的好坏会直接影响到产品的稳定性，尤其是对于杀菌型的乳酸菌饮料。一般来说，调酸需注意以下几点。

（1）酸的浓度　一般需将酸溶解（或稀释）成10%左右的冷溶液，以便于加酸的控制。

（2）加酸的温度　由于温度越高，分子运动的速度就越快，因此，加酸温度越高，酸对蛋白质粒子的作用就越强，也就越容易产生蛋白质沉淀的现象。因此加酸的温度不宜高，一般都应控制在30℃以下，实践表明，控制在20℃以下，产品的稳定性更好。

（3）加酸的速度　加酸的速度太快，易产生乳液局部过酸的现象而导致沉淀量增加，因此，加酸速度不宜快，一般采用喷头加酸可以较好地控制加酸的速度。

4. 杀菌及保藏

由于活性乳酸菌饮料没有后杀菌的过程，因此，对于生产工艺过程卫生有十分严格的要求：原料乳的质量必须合格并保证杀菌条件；所有设备、管路必须保证杀菌合格；生产环境的空气细菌数应不多于300个/mL，酵母菌、霉菌不多于50个/mL；注意个人卫生并定期检查、检验；各种原辅料在与混合前应尽可能做到商业无菌状态，所经过的管路杀菌必须合格；包装材料在进厂之前要按要求严格检验，确保包材质量合格。同时，活性乳酸菌饮料必须在冷链下销售、储存。而杀菌型乳酸菌饮料为了达到常温销售并达到一定保质期的目的必须在均质后进行超高温杀菌（110～130℃，3～10s）然后无菌灌装，或灌装后进行二次杀菌（85℃，维持15～30min）。

六、成品评定

（一）感官指标

色泽：均匀乳白色或乳黄色。

滋味及气味：甜酸适中，具有乳酸菌饮料特有的滋味及气味，无异味。

组织形态：呈均匀细腻的乳浊液，允许有少量沉淀，无异味，无分层现象。

（二）理化指标

蛋白质含量≥0.7%；可溶性固形物含量≥10%；酸度65～80°T；砷含量≤0.5mg/kg；铅含量≤0.1mg/kg；铜含量≤5.0mg/kg。

（三）微生物指标

菌落总数≤100个/mL；大肠杆菌数≤3个/100mL；酵母菌数≤50个/100mL；霉菌数≤30个/100mL；致病菌不得检出。

任务五 | 茶饮料加工

一、 背景知识

茶饮料是用水浸泡茶叶，经抽提、过滤、澄清等工艺制成的茶汤或茶汤中加入水、糖液、酸味剂、食用香精、果汁或植（谷）物抽提液等调制而成的制品。它是含有一定量天然茶多酚、咖啡碱等茶叶有效成分的软饮料。茶饮料并不是传统意义的茶，而是添加了其他配料的混合饮料，国际上被称为“新时代饮料”。按原辅料不同，茶饮料可分为茶汤饮料和调味茶饮料，茶汤饮料又分为浓茶型和淡茶型，调味茶饮料分为果味茶饮料、果汁茶饮料、碳酸茶饮料、奶味茶饮料及其他茶饮料。

按我国软饮料的分类国家标准和有关规定，茶汤饮料是指以茶叶的水提取液或其浓缩液、速溶茶粉为原料，经加工制成的，保持原茶类应有风味的茶饮料；果汁茶饮料是指在茶汤中加入水、原果汁（或浓缩果汁）、糖液、酸味剂等调制而成的，成品中原果汁含量不低于5.0%；果味茶饮料是指在茶汤中加入水、食用香精、糖液、酸味剂等调制而成的；碳酸茶饮料是指在茶汤中加入水、糖液等经调味后充入二氧化碳的制品；奶味茶饮料是指在茶汤中加入水、鲜乳或乳制品、糖液等调制而成的茶饮料。

二、 实训目的

（1）掌握茶饮料的基本生产工艺流程和制作方法，了解茶饮料的护色技术。

（2）正确使用各种添加剂，并熟悉投料顺序。

三、 主要原料与设备

（一）原料

茶叶、碳酸氢钠、柠檬酸、D-异抗坏血酸钠、白砂糖、柠檬酸、磷酸氢二钠、磷酸二氢钠、酒石酸钾钠、硫酸亚铁、水果型香精、去离子水、耐热PET瓶或玻璃饮料瓶等。

（二）设备

高温蒸汽灭菌锅、夹层锅、半自动液体灌装机、手持糖量计、离心过滤机、250mL大容量离心机、捣碎机、组织捣碎机、不锈钢锅电热恒温水浴锅、电热恒温干燥箱、721分光光度计、精密酸度计、瞬时超高温杀菌器、高速离心机、微孔膜过滤器、中空超滤器、紫外线杀菌器、浸提罐、调配罐、比塞皿、植物粉碎机、250～300 目不锈钢筛、电炉、500mL 玻璃烧杯、500mL 量桶等。

四、 原辅材料的检测

白砂糖：应符合《GB 317—2006 白砂糖》的规定；饮用水：应符合《GB 5749—2006 生活饮用水卫生标准》的规定；茶粉：应使用符合相应要求的茶粉，不使用茶多酚、咖啡因作为原料调制茶饮料。

五、 茶类饮料加工技术

（一）工艺流程

茶叶→粉碎→浸提→过滤→测定茶多酚→维生素 C 和碳酸氢钠等调和→加热→灌装→杀菌→冷却→成品

（二）操作要点

1. 茶叶粉碎

将茶叶粉碎至粒径为 40～60 目（茶叶粒径太大，则茶叶中的有效成分布容易萃取出来；粒径太小，则会为后续的过滤工序带来困难）。

2. 浸提

称取 10g 左右已粉碎的茶叶加入 500mL 的烧杯中，用去离子水稀释至 20～30 倍，放入水浴锅中，在 80～95℃萃取 15min，为了提高萃取率，也可将滤渣加入适当的去离子水，进行二次浸提。

3. 过滤

将浸提液用 250～300 目不锈钢筛或尼龙布过滤，除去浸提液中的茶渣及杂质，并迅速降低其温度。

4. 测定茶多酚

采用酒石酸亚铁比色法，测定浸提液中的茶多酚的含量。

5. 调和

根据浸提液中茶多酚的含量，调节最终饮料含有 400mg/L 以上的茶多酚，根据个人嗜好加入适当的白砂糖，600mg/L 的 D－异抗坏血酸钠，再用碳酸氢钠调节 pH 至 6.0，加入适当的香精。

6. 加热

将调配好的饮料加热至 90℃左右。

7. 灌装

趁热将调配好的饮料加入饮料瓶中，尽量减少顶隙，拧紧瓶盖。

8. 杀菌及冷却

将灌装好的饮料瓶放入 90℃的水浴锅中加热 15min 后迅速冷却至室温。

六、成品评定

（一）感官要求

成品感官要求应符合表4－2的规定。

表4－2　感官要求

项目	冰红茶	冰绿茶
指标	棕红色，具有红茶混合香味，无异味，外观透明或略带浑浊，允许稍有沉淀	淡绿或黄绿色，具有绿茶香味，无异味，外观透明或略带浑浊，允许稍有沉淀

（二）理化指标

成品理化指标应符合表4－3的规定。

表4－3　理化指标

项目	指标
可溶性固形物含量/%	≥2.0
pH	≥3.0
茶多酚含量/（mg/kg）	≥200
咖啡因含量/（mg/kg）	≥25
总砷（以As计）含量/（mg/L）	≤0.2
铅（以Pb计）含量/（mg/L）	≤0.3
铜（以Cu计）含量/（mg/L）	≤5.0

（三）微生物指标

以罐头加工工艺生产的罐装茶饮料应符合商业无菌的要求，其他包装茶饮料的微生物指标应符合表4－4的规定。

表4－4　成品微生物指标

项目	指标
菌落总数/（CFU/mL）	≤100
大肠菌数/（MPN/100mL）	≤6
霉菌数/（CFU/mL）	≤10
酵母数/（CFU/mL）	≤10
致病菌（沙门菌、志贺菌、金黄色葡萄球菌）	不得检出

（四）净含量

定量包装产品净含量以产品标签为准，应符合《定量包装商品计量监督管理办法》的规定。

（五）食品添加剂

食品添加剂质量应符合相应的标准和有关规定；食品添加剂的品种和使用量应符合《GB 2760—2014 食品添加剂使用标准》的规定。

（六）生产加工过程的卫生要求

应符合《GB 12695—2003 饮料企业良好生产规范》的规定。

任务六 | 固体饮料加工

一、背景知识

固体饮料是指以糖、乳和乳制品、蛋或蛋制品、果汁或食用植物提取物等为主要原料，添加适量的辅料或食品添加剂制成的水分不高于5%（质量分数）的固体制品。呈粉末状、颗粒状或块状，按其主要原料的类别，可将固体饮料分为果香型、蛋白型和其他型三种。

（1）果香型固体饮料　它是以糖、果汁、营养强化剂、食用香料、着色剂等为主要原料制成的，用水冲溶后具有与品名相符的色、香、味等感官性状。这类饮料有各种果蔬汁的粉和晶等。按其原汁含量，果香型固体饮料又可分为果汁型和果味型二种。果汁型固体饮料实际上是一种固体状的果蔬汁饮料。另外按冲溶时是否起泡，又可分为起泡饮料和不起泡饮料。

（2）蛋白型固体饮料　它是以糖、乳及乳制品、蛋及蛋制品或植物蛋白以及营养强化剂为主要原料制成的，是固体状的蛋白质食品或饮料。例如，乳粉、豆乳粉、蛋乳粉以及豆乳精、维他奶、花生精、麦乳精等，蛋白质含量不低于4%。

（3）其他型固体饮料　指除以上两种类型以外的固体饮料。

二、实训目的

（1）掌握制备固体饮料的基本工艺流程。

（2）学会正确使用各种原辅料，了解各种原辅料的主要作用及质量要求，观察每一步操作发生的现象并记录。

（3）掌握产品质量检测方法。

三、主要原料与设备

（一）原料

新鲜水果、饮用水、食品添加剂等。

（二）设备

榨汁机、夹层锅、胶体磨、手持糖量计、离心过滤机、250mL 大容量离心机、捣碎机、磨浆机、组织捣碎机、均质机、不锈钢锅打浆机、不锈钢刀、不锈钢锅、真空浓缩锅、过滤器、离心机、真空干燥箱。

四、 原辅材料的检测

应符合《GB/T 29602—2013 固体饮料》的规定。

五、 固体饮料加工技术

（一）工艺流程

水果→[挑选]→[洗果]→[去皮]→[切分]→[打浆]→[过滤]→[浓缩]→[配料]→[造粒]→[干燥]→[包装]→成品

（二）操作要点

1. 打浆

调好打浆机的筛网直径在 0.6mm 左右，将水果经打浆机进行打浆处理。因水果可能产生褐变，所以在打浆过程中要添加适当一些抗氧化剂，如维生素 C 等。

2. 过滤

经打浆得到的果浆仍然有杂质存在，必须经过过滤处理，可浆果浆打入离心机中进行过滤，得到果汁。

3. 真空浓缩

将上述果汁打入真空浓缩锅内进行浓缩至原浓度的 3～4 倍，以利保存。注意真空度控制在 80～90kPa，出锅温度 50℃左右。

4. 配料

生产固体饮料的天然果蔬汁，一般要求各种载体填充，再进行先期干燥，以添加固体饮料的溶解度和口感。填充料包括蔗糖、葡萄糖、植物胶、糊精、羧甲基纤维素钠等。将主要原料中其他原料按一定比例称量好，置入搅拌机直至出现松软状混合物为止，注意控制其水分含量在 10% 左右。

5. 造粒

将上述物料移入造粒机内造粒，造粒机筛网直径 10～12 目。

6. 干燥

将造粒好的物料装入托盘中，置于真空干燥箱内进行干燥。抽真空，通蒸汽。注意压力、温度和真空度之间的关系。也可在 70～80℃的烘箱内进行干燥，这种方法要求经验丰富、操作熟练，否则容易烘焦而影响产品质量和外观。

7. 包装

干燥完毕后，待真空度回零位，开箱取出托盘，冷却后经检验合格即可进行包装。

六、成品评定

成品评定见表4－5。

表4－5 成品评定检验项目及重要程度分类

序号	检验项目	依据法律法规或标准	强制性/推荐性	检测方法	重要程度及不合格程度分类	
					A类[①]	B类[②]
1	蛋白质[③]	GB 7101—2003	强制性	GB 5009. 5—2010		●
2	总砷	GB 7101—2003 GB 19642—2005	强制性	GB/T 5009. 11—2003	●	
3	铅	GB 7101—2003 GB 19642—2005	强制性	GB 5009. 12—2010	●	
4	苯甲酸	GB 2760—2014	强制性	GB/T 5009. 29—2003 GB/T 23495—2009		●
5	山梨酸	GB 2760—2014	强制性	GB/T 5009. 29—2003 GB/T 23495—2009		●
6	糖精钠	GB 2760—2014	强制性	GB/T 5009. 28—2003 GB/T 23495—2009		●
7	环己基氨基磺酸钠（甜蜜素）	GB 2760—2014	强制性	GB/T 5009. 97—2003		●
8	乙酰磺胺酸钾（安赛蜜）	GB 2760—2014	强制性	GB/T 5009. 35—2003		●
9	合成着色剂[④]	GB 2760—2014	强制性	GB/T 5009. 35—2003 GB/T 5009. 141—2003		●
10	菌落总数	GB 7101—2003 GB 19642—2005	强制性	GB/T 4789. 21—2003		●
11	大肠菌群	GB 7101—2003 GB 19642—2005	强制性	GB/T 4789. 21—2003		●
12	霉菌	GB 7101—2003	强制性	GB/T 4789. 21—2003	●	
13	致病菌（沙门菌、志贺菌、金黄色葡萄球菌）	GB 7101—2003 GB 19642—2005	强制性	GB/T 4789. 21—2003	●	

注：①极重要质量项目（指直接涉及人体健康、使用安全的指标）；②重要质量项目（指产品涉及环保、能效、关键性能或特征值的指标）；③仅适用于蛋白型固体饮料；④合成着色剂具体检测项目视产品色泽而定。

任务七 | 植物蛋白饮料加工

一、 背景知识

用蛋白质含量较高的植物果实、种子或核果类、坚果类的果仁等（如大豆、花生、杏仁、核桃仁、椰子等）为主要原料，经加工、调配后，再经高压杀菌或无菌包装制得的乳状饮料为植物蛋白饮料。根据加工原料的不同，植物蛋白饮料可分为四大类。

（1）豆乳饮料　是以大豆为主要原料，经磨碎、提浆、脱腥等工艺制成的无豆腥味的制品。其制品又分为纯豆乳、调制豆乳、豆乳饮料。

（2）椰子乳　是以新鲜成熟的椰子果肉为原料，经压榨制成椰子浆，加入适量水、糖类等配料调制而成的乳浊状制品。

（3）杏仁乳　以杏仁为原料，经浸泡、磨碎、提浆等工序后，再加入适量水、糖类等配料调制而成的乳浊状制品。

（4）核桃乳　核桃乳为纯天然植物蛋白饮品，该产品以优质核桃仁、纯净水为主要原料，采用现代工艺、科学调配精制而成，口感细腻、具有特殊的核桃浓郁香味，冷饮、热饮均可，热饮香味更浓。

二、 实训目的

（1）掌握制备植物蛋白饮料的基本工艺流程。

（2）能正确使用各种添加剂，注意加工步骤，观察发生的现象并记录。

三、 主要原料与设备

（一）原料

花生、大豆、葵花子等蛋白质含量丰富的植物原料，乳粉，磷酸一氢钠，磷酸二氢钠，海藻酸钠，羧甲基纤维素钠，单甘酯，琼脂，碳酸钠，碳酸氢钠，白砂糖，柠檬酸，水果型香精等。

（二）设备

榨汁机、高温蒸汽灭菌锅、夹层锅、半自动液体灌装机、胶体磨、手持糖量计、离心过滤机、250mL 大容量离心机、捣碎机、磨浆机、组织捣碎机、均质机、不锈钢锅、远红外电烤箱、不锈钢筛、精密酸度计、瞬时超高温杀菌器、调配罐、电炉、500mL 玻璃烧杯、电子天平、台秤、500mL 量桶。

四、原辅材料的检测

应符合《GB/T 30885—2014 植物蛋白饮料》的规定。

五、植物蛋白饮料加工技术

（一）工艺流程

原料→清洗→脱皮→粗磨浆→胶体磨磨浆→过滤→一次均质→调配→二次均质→灌装→杀菌→成品

（二）操作要点

1. 原料清洗

选择颗粒饱满、无霉烂变质的新鲜花生，去除杂质，用清水洗净。

2. 脱皮

将清洗干净的花生米，放入电热烤箱中，在120℃条件下烘烤20min左右，然后脱去表皮。

3. 粗磨浆

将去皮的花生和水以1∶20左右的质量比混合，用磨浆机磨碎。

4. 一次均质

将磨浆后的豆浆用胶体磨磨碎，使得溶液经一步细化。

5. 煮浆

将豆浆放入不锈钢锅中，在100℃煮10min。

6. 调配

调配指将多次滤液合并、混匀，得到花生乳液（pH6.8～7.1）的操作。通常按1t花生乳饮料汁（干花生55kg）与白糖75kg、甜蜜素0.5kg、复合稳定剂2.3kg、全脂乳粉1kg（使用胶体磨研磨均匀）经与过滤软水800kg、鲜乳香精适量的比例搅拌混合。

7. 二次均质

将调配好的饮料预热至50～65℃，通过25MPa压力均质，防止脂肪上浮，改善组织状态和消化吸收程度。

8. 灌装

将二次均质的饮料灌装到玻璃瓶中，旋紧盖子。

9. 杀菌

将饮料瓶放入杀菌锅中，120℃杀菌20min。

10. 成品

将饮料从杀菌锅中取出，迅速冷却至常温。

六、成品评定

（一）感官要求

感官要求应符合表4－6的规定。

表4－6　　成品感官要求

项目	指标
色泽	色泽鲜亮一致，无变色现象
性状	均匀的乳浊状或悬浊状
滋味与气味	具有本品种固有的香气及滋味，不得有异味
杂质	无肉眼可见外来杂质
稳定性	振摇均匀后12h内无沉淀、析水，应保持均匀体系

（二）理化要求

理化要求应符合表4－7的规定。

表4－7　　成品理化要求

项目	指标
蛋白质含量/（g/L）	≥6
可溶性固物含量（20℃）/（g/L）	≥80
净含量/mL	按包装标示规定。负偏差符合国家包装商品计量规定

（三）卫生要求

卫生要求应符合表4－8的规定。

表4－8　　成品卫生要求

项目	指标
黄曲霉毒素 B_1 含量/（μg/L）	≤5
氰化物含量（以杏仁等为原料，以 CN^- 计）/（mg/L）	≤0.05
脲酶试验（以大豆为原料）	阴性
铅含量/（mg/L）	≤0.04
砷含量/（mg/L）	≤0.10
铜含量/（mg/L）	≤1.00
汞含量/（mg/L）	≤0.01
氟含量/（mg/L）	≤0.10

续表

项目	指标
铬含量/（mg/L）	≤0.10
锡含量/（mg/L）	≤10
山梨酸含量/（g/L）	≤0.5
苯甲酸含量/（g/L）	不得检出
糖精钠含量/（g/L）	不得检出
六六六含量/（g/L）	不得检出
滴滴涕含量/（mg/L）	不得检出
菌落总数/（个/L）	≤100
大肠菌群/（MPN/100mL）	≤3
致病菌	不得检出
霉菌和酵母菌总数/（个/mL）	≤20

注：①如使用两种或两种以上的乳化剂，则其总量不得超过《NY/T 392—2000 绿色食品　食品添加剂使用准则》所规定的其中一个限量值最低的乳化剂限量，其他食品添加剂不得检出。②罐装植物蛋白饮料还应符合商业无菌。

参考文献

[1] 孔宝华，张兰威．肉制品加工技术．哈尔滨：黑龙江科学技术出版社，1996.

[2] 孔宝华，罗欣．肉制品工艺学．哈尔滨：黑龙江科学技术出版社，1996.

[3] 周光宏．畜产食品加工学．北京：中国农业大学出版社，2002.

[4] 彭增起．肉制品配方原理与技术．北京：化学工业出版社，2007.

[5] 夏文水．肉制品加工原理与技术．北京：化学工业出版社，2003.

[6] 乔晓玲．肉类制品精深加工实用技术与质量管理．北京：中国纺织出版社，2009.

[7] 李慧东，严佩峰．畜产品加工技术．北京：化学工业出版社，2008.

[8] 李秀娟．食品加工技术．北京：化学工业出版社，2009.

[9] 葛长荣．肉品工艺学．昆明：云南科学技术出版社，1997.

[10] 坂本利佳．经典面包制作大全．书锦缘，译．沈阳：辽宁科学技术出版社，2010.

[11] 罗丝·利维·贝兰堡．面包圣经．何文，王蕾，译．北京：北京科学技术出版社，2014.

[12] 君之．跟着君之学烘焙．北京：北京科学技术出版社，2010.

[13] 川上文代．西式糕点制作大全．书锦缘，译．沈阳：辽宁科学技术出版社，2010.

[14] 川上文代．最详尽的糕点制作教科书．书锦缘，译．郑州：河南科学技术出版社，2010.

[15] 朱珠．软饮料加工技能综合实训．北京：化学工业出版社，2008.

[16] 田呈瑞，徐建国．软饮料工艺学．北京：中国计量出版社，2005.

[17] 蒋和体，吴永娴．软饮料工艺学．北京：中国农业科学技术出版社，2006.

[18] 张钟．食品工艺学实验．郑州：郑州大学出版社，2012.

[19] 阮美娟，徐怀德．饮料工艺学．北京：中国轻工业出版社，2013.